· 用户体验设计丛书 ·

Designing with the Mind in N

Simple Guide to Understanding User Interface Design Guidelines, Third Edition

认知与设计

理解UI设计准则

（原书第3版）

[美] 杰夫·约翰逊 (Jeff Johnson)　著

钟欣越　张铭晞　译

机械工业出版社
CHINA MACHINE PRESS

Designing with the Mind in Mind: Simple Guide to Understanding User Interface Design Guidelines, Third Edition

Jeff Johnson

ISBN: 9780128182024

注意

本书涉及领域的知识和实践标准在不断变化。新的研究和经验拓展我们的理解，因此须对研究方法、专业实践或医疗方法作出调整。从业者和研究人员必须始终依靠自身经验和知识来评估和使用本书中提到的所有信息、方法、化合物或本书中描述的实验。在使用这些信息或方法时，他们应注意自身和他人的安全，包括注意他们负有专业责任的当事人的安全。在法律允许的最大范围内，爱思唯尔、译文的原文作者、原文编辑及原文内容提供者均不对因产品责任、疏忽或其他人身或财产伤害及／或损失承担责任，亦不对由于使用或操作文中提到的方法、产品、说明或思想而导致的人身或财产伤害及／或损失承担责任。

北京市版权局著作权合同登记　图字：01-2021-3381 号。

图书在版编目（CIP）数据

认知与设计：理解 UI 设计准则：原书第 3 版 /（美）杰夫·约翰逊（Jeff Johnson）著；钟欣越，张铭晞译. —北京：机械工业出版社，2024.4

（用户体验设计丛书）

书名原文：Designing with the Mind in Mind: Simple Guide to Understanding User Interface Design Guidelines, Third Edition

ISBN 978-7-111-75306-3

I.①认⋯　II.①杰⋯ ②钟⋯ ③张⋯　III.①人机界面−程序设计　IV.①TP311.1

中国国家版本馆CIP数据核字（2024）第051541号

机械工业出版社（北京市百万庄大街22号　邮政编码100037）

策划编辑：刘　锋	责任编辑：刘　锋　张秀华
责任校对：张勤思　薄萌钰　韩雪清	责任印制：常天培

北京宝隆世纪印刷有限公司印刷

2024 年 6 月第 1 版第 1 次印刷

186mm × 240mm・17.25印张・318千字

标准书号：ISBN 978-7-111-75306-3

定价：129.00元

电话服务	网络服务
客服电话：010-88361066	机 工 官 网：www.cmpbook.com
010-88379833	机 工 官 博：weibo.com/cmp1952
010-68326294	金 书 网：www.golden-book.com
封底无防伪标均为盗版	机工教育服务网：www.cmpedu.com

初次阅读这本书的时候，我刚从大学毕业不久，那时正好对人机交互产生了兴趣，想要从建筑设计领域转入交互设计领域——是这本书为我开启了交互设计之门。不曾想，几年后作为产品经理的我，能有机会翻译本书的第 3 版，并再次深入领略一系列认知心理学理论。它不仅可直接用于指引设计方向，还能让我在日常生活中举一反三，可见它已然是一本突破了设计领域，且超越时间周期的经典之作。

产品与设计总是迭代不息，我们也有幸看到本书如产品般更迭，使其常读常新。在本书这一版中，Jeff Johnson 对编排和内容进行了很多细致的调整，包括以下方面：对移动端、新产品功能、AI 等各种案例的更新，使之保持与时俱进；修改内容描述，使语言更加简练精确；增加了关于错误与失误的章节；在每章末尾补充重点知识小结，便于回顾；等等。相信即便你已翻阅过旧版，也依然能从新版本中获得不少新知识。

作为产品经理和用户体验设计师，我和铭睎在阅读此书的过程也有一些不同的感受，在此分享给大家。

对产品经理而言：

在踏入产品岗位初期，我时常感觉产品经理与交互设计师之间的边界是极其模糊的。不少产品经理需要绘制线框初稿，再请设计师对交互和 UI 做更进一步的优化，此间的对接与沟通工作量无以言表。本书便能帮助到产品经理，使其通过理解设计背后的认知心理学原理，站在用户视角与设计师在同一层面进行沟通，在需求与商业视角之外，赋予体验视角的衡量。

本书虽以设计准则作为体现，但每一章所讲述的认知心理学原理对于产品经理的日常思维也极有帮助。我们可以将之应用于需求决策、用户研究、商业策略制定等工作环节。当然，它还能让我们对眼花缭乱的各式产品有更佳的评判能力。

对用户体验设计师而言：

这是一本人人都应该阅读的通识书。本书运用简练的语言与大量的案例深入浅出地讲解了"人"是如何获取信息并思考和行动的。它不仅能够帮助设计师在设计软件系统时审视自己的设计是否合理，指导设计师做出更易用的设计，同时也能辅助我们迎接并探索未来更加多元的交互方式。

最后，能够成为这本经典书籍的知识搬运工，我们获益匪浅且深感荣幸。衷心感谢机械工业出版社的各位编辑老师在翻译工作中给予的耐心与帮助，感谢我们共同的工作导师钱冰沁老师。也特别感谢我们的家人与猫咪们在翻译过程中的督促与陪伴。由于水平限制，翻译中难免存在一些错误和不足，恳请各位读者批评指正。

——钟欣越

在 Jeff Johnson 极具影响力的用户界面设计书籍中，明确地指出应用心理学为好的设计决策提供了基础原理，它是对通用设计——尤其是用户界面设计至关重要的知识。设计不是简单地了解并遵循设计规则，更重要的是明白在什么时候应该使用什么样的规则，是否需要结合当下实际情况对规则做出调整，以及是否需要制定新的规则。

设计师如何解决这种没有标准答案的复杂问题？ Johnson 给出的答案是：设计师应该理解人类感知和认知心理学中适用于设计规则的基础原理。人类以独特的方式感知、思考和行动，具有独特的优势与劣势。了解人类的这些特点使设计师能够创造性地推断出适合当下的设计规则，并且能更好地阐述设计理念。

设计的最终成功或失败取决于人们是否能够理解它们，享受它们，以及从中学习并实际使用它们。仔细审视世界便可以明显地发现，世界充满了无法有效传递其目标和使用方式的设计，这些设计使我们感到沮丧，它们在浪费我们时间的同时也没有尊重与利用让人惊叹的人类心智。本书就是帮助设计师取得成功的重要工具。

——John M. Carroll
美国宾夕法尼亚州立大学
信息科学与技术特聘教授兼人机交互中心主任

用户界面设计准则：它们从何而来，如何有效地使用它们

自从人们设计交互式计算机系统以来，总会有人通过发布用户界面设计准则（也称为设计规则）来推广好的设计，早期有：

- Cheriton（1976）为早期的交互式（分时）计算机系统提出用户界面设计准则；
- Norman（1983a，1983b）基于人类认知（包括认知偏见）提出软件用户界面的设计准则；
- Smith 和 Mosier（1986）撰写了一套可能最全面的用户界面设计准则；
- Shneiderman（1987）在他的著作 *Designing the User Interface* 的第 1 版及后续所有版本里都提及了"界面设计的八条黄金法则"；
- Brown（1988）写了一本设计准则相关的书 *Human-Computer Interface Design Guidelines*；
- Nielsen 和 Molich（1990）提供了一系列设计准则——Nielsen 和 Mack（1994）对此进行了更新，可用于用户界面的启发式评估；
- Marcus（1992）提出了在线文档和用户界面的图形设计准则。

进入 21 世纪后，越来越多的设计准则被发布：

- 有些作者写了包含 UI/UX 设计准则的著作，例如（Stone et al., 2005；Koyani et al., 2006；Johnson, 2007；Shneiderman & Plaisant, 2009；Rosenberg, 2020）。
- 一些组织出版了网络可用性准则，例如（W3C，2016；Yale University, 2020）。
- 计算机公司也为各自平台的桌面应用设计发布了相关准则，例如（Microsoft Corporation, 2018；Apple Computer, 2020a）。

- 移动应用平台提供商也发布了准则，以帮助开发者为移动设备创造更多可用的应用程序，例如（Oracle Corporation，2017；Google，2019；Apple Computer，2020b）。

用户界面的设计和评估需要理解和实践经验

这些用户界面设计准则有多大的价值？这取决于应用它们来解决设计难题的人。

遵循用户界面设计准则不像遵照食谱那样直观，因为设计准则通常描述的是目标而非具体动作。它们特意呈现得非常笼统，以覆盖更广泛的应用场景，而这也意味着在具体的设计情境中，它们的准确含义和适用情况是可以被灵活解释的。

更为复杂的问题在于，在一个特定的设计情境下，往往会有不止一条准则适用。在这种情况下，适用的设计准则通常会发生冲突，即它们会建议不同的设计方向。这时便需要设计师来判断哪一条准则更适用于已知情境，且应当被优先考虑。

即便设计准则之间没有冲突，设计问题也通常有多个互相矛盾的目标，例如：

- 既要屏幕明亮清晰，又要电池续航长；
- 既要轻量，又要坚固；
- 既要多功能，又要容易学习；
- 既要功能强大，又要操作简单；
- 既要分辨率高，又要加载速度快；
- 既要所见即所得（WYSIWYG），又要对盲人可用。

要满足基于计算机的产品或服务的所有设计目标，通常需要进行权衡——许多许多的权衡。在相互冲突的设计准则之间找到正确的平衡点，也需要更进一步的权衡。

面对这些复杂情况，精通界面设计或界面评估的人应该更加深思熟虑而非盲目地应用这些设计准则。用户界面设计准则更像法律条文，而非生搬硬套的食谱。正如精通法律的律师和法官是一系列法律条文的最佳应用和解释人选，一套用户界面设计准则也应当最好由对准则有一定了解并且已累积一定经验的人进行应用和阐释。

遗憾的是，大部分情况下用户界面设计准则都是以简单的设计命令清单的形式给出的，几乎不带任何理论依据或背景。当然，也有少数例外，比如（Norman，1983a）。

此外，虽然许多早期用户界面设计和可用性专家都有认知心理学相关专业背景，但大部分行业新人并没有。对后者而言，会难以敏锐且适当地应用设计准则。这本书的重点便聚焦于为大家提供理论依据和专业背景知识。

用户界面设计准则的比较

表1并排展示了两个著名的用户界面设计准则清单，给出了它们包含的准则类型以及互相之间的对比。例如，两份清单的第一条都提倡设计一致性，二者也都包含预防错误的准则。Nielsen-Molich 的准则之"帮助用户识别、诊断错误并从错误中恢复"和 Shneiderman-Plaisant 的准则之"允许轻松逆转动作"形成呼应。同样，"用户控制和自由"对应"使用户感到都在他们的掌控之中"。这种相似性是有缘由的，不仅仅是因为后续作者受到早期作者的影响。

表 1　两个著名的用户界面设计准则清单	
Shneiderman（1987）; Shneiderman 和 Plaisant（2009）	Nielsen 和 Molich（1990）
力求一致性 满足普遍可用性 提供丰富的反馈信息 设计任务流程以形成闭环 预防错误 允许轻松逆转动作 使用户感到都在他们的掌控之中 尽可能减少短时记忆负荷	一致性和标准 系统状态的可见性 系统与现实世界的匹配 用户控制和自由 预防错误 识别而非回忆 使用的灵活性和效率 美感与极简主义设计 帮助用户识别、诊断错误并从错误中恢复 提供在线文档和帮助

设计准则从何而来

就现有目标而言，每一份准则清单内的详细设计准则（如表1中所示）都不如它们的共同之处——它们的基础与起源重要。那么,这些设计准则源于何处?它们的作者(比如服装设计师)会粗暴地把自己的设计品位施加于计算机和软件行业吗?

如果是这样的话,不同设计准则体系之间的差异性就会很大,因为作者会尽可能地把自己和他人区分开来。实际上,如果我们不考虑措辞、重点和每套准则编撰时的计算机技术水平,那么所有这些用户界面设计准则体系都是大体相似的。为什么呢?

答案是,所有设计准则一定是基于人类心理学的:人们如何感知、学习、推理、记忆和将意图转化成动作等。许多设计准则的作者都至少会有一些心理学相关背景,并能够将其应用在计算机系统的设计上。

例如,Don Norman 在开始写人机交互的文章之前,是认知心理学界的一名教授、研究者和多产的作者。Norman 早期的人机设计准则是基于他自己和其他人对人类认知的研究得出的。他尤其关注人们常有的认知偏差,以及如何设计计算机系统去减轻或消除这些偏差带来的影响。

同样,其他用户界面设计准则的作者(例如 Brown、Shneiderman、Nielsen 和 Molich)也都在利用感知和认知心理学的知识,尝试改进交互系统设计,以提升有用性和可用性。

说到底,用户界面设计准则是基于人类心理学而形成的。

通过阅读本书,你将学到用户界面和可用性设计准则背后所涉及的最重要的心理学知识。

目标读者

本书首先面向那些需要应用用户界面和交互设计准则的软件设计与开发专业人员,包括交互设计师、用户界面设计师、用户体验设计师以及硬件产品设计师,也包括那些经常做可用性测试和评估的人员,他们在评审软件或者分析观察到的使用问题时,经常会参考设计以启发思考。

其次面向交互设计和人机交互相关专业的学生。其实,这本书的第 2 版便已经是大学 UI/UX 设计课程的热门教材了。因此,我对本书进行更新和完善的一大目标,就是将其打造成一本更好的教材。

本书还适合软件开发管理人员,他们可能希望理解更多用户界面设计准则相关的心理学知识,以更好地理解和评估下属的工作。

致谢
ACKNOWLEDGMENTS

虽然我是这本书的署名作者，但若没有这些伙伴的大力帮助与支持，此书难以出版。

首先要感谢的是在 2006 年我于新西兰坎特伯雷大学作为厄斯金研究员时上过我人机交互课程的学生。正是为了他们，我准备了一节简要介绍感知和认知心理学背景的课——仅仅为了让他们理解和应用用户界面设计准则。后来我把这节课的内容扩展为一门专业开发课程，在一些会议上和客户公司内部进行讲解。随后再进一步扩展，并用这些内容编写了本书第 1 版。

2013 年，我再一次获聘坎特伯雷大学厄斯金研究员，并利用第 1 版在那里教授另一门人机交互课程，还在坎特伯雷大学、怀卡托大学计算机科学系和 CHI-NZ 2013 会议上举办了讲座。我特别感谢坎特伯雷大学的同事——Andy Cockburn 教授、Sylvain Malacria 博士和 Mathieu Nancel，他们为第 2 版中关于菲兹定律的介绍提供了创意和插图。我还要感谢我的同事兼好友 Tim Bell 教授，感谢他在我撰写第 2 版时向我分享用户界面示例，并给予我其他帮助和支持。收到的反馈意见促使我在编写第 2 版（2014 年出版）时增加了更全面的心理学背景材料，扩大了涵盖的主题，完善了解释并更新了示例。

我以第 2 版为基础，在美国和其他地方做了会议主题演讲、会议教程和客座讲座。2016 年 8 月，我加入了旧金山大学计算机科学系，现在将这本书用作了我在那里教授的一门高年级用户体验设计课程的教材。

到 2019 年，本书显然需要再次更新了。这不仅是因为许多例子再次显得过时，而且数字技术已经进入了一个新纪元，移动应用、人工智能和语音技术在其中的作用更加突出。此外，很明显，这本原本主要面向专业用户界面 / 用户体验设计师的书正被广泛用作大学教材。我想这并不奇怪，因为本书的创作动机本身就是为大学生授课，这也是我目前使用这本书的主要方式。

三个版本的所有审稿人也为我提供了很多有益的评审意见和建

议，使我能够极大地改进这本书，他们是：

- 第 1 版：Susan Fowler、Robin Jeffries、Tim McCoy 和 Jon Meads。
- 第 2 本：Susan Fowler、Robin Jeffries、James Hartman、Victor Manuel Gonzálezy González、Mihaela Vorvoreanu 和 Karin M. Wiburg。
- 第 3 本：Darren Hood、David W . Meyer、Matt Swaffer、Emily Wenk 和 KS。

我还要感谢几位认知科学研究人员，他们为我提供了重要的参考资料，向我分享了有用的插图，并允许我与他们交流想法。他们是：

- 麻省理工学院大脑与认知科学系的 Edward Adelson 教授。
- 波士顿大学认知与神经系统系的 Dan Bullock 博士。
- 马萨诸塞大学阿默斯特分校信息和计算机科学学院的 Eva Hudlicka 博士。
- 旧金山大学心理学系的 Marisa Knight 博士。
- 剑桥大学唐宁学院心理学系的 Amy L. Milton 博士。
- 普林斯顿大学心理学系 Dan Osherson 教授。

另外，也非常感谢宾夕法尼亚州立大学 John M. Carroll 教授，感谢他为本书作序。

Elsevier 的工作人员也对本书做出了非常多的贡献，他们对本书内容进行了仔细的审校，并精心完成了出版工作。

最后但同样重要的是，我要感谢我的妻子兼朋友——纪实摄影师 Karen Ande，感谢她在我多年研究、写作和修订本书的过程中给予我的爱和支持。

目录
CONTENTS

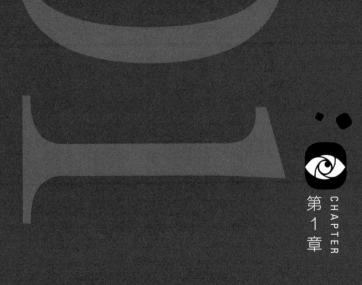

感知偏差

我们对世界的感知并不是对这个世界的真实描述。至少有三个因素严重影响了我们的感知：

- **过去**：经验。
- **现在**：当前环境。
- **未来**：目标。

1.1 经验带来的感知偏差

经验指我们过去的感知，它会以几种不同的方式影响我们当前的感知。

1.1.1 知觉促发效应

假设你拥有一家大规模的保险公司。你正在会见一名房地产经理，讨论公司修建新园区的计划。园区由排成一行的 5 栋大楼构成，后面两栋大楼具有 T 形的庭院——方便自助餐厅和健身中心采光。如果房地产经理向你展示园区的地图（见图 1.1），你会看见 5 个代表建筑物的黑色图形。

图 1.1   建筑物地图还是单词？你看到的是什么取决于你被告知要看到什么

　　现在想象一下，你正在会见一名广告经理，而不是房地产经理。你们在讨论将一条新的广告牌广告在某些城市投放。广告经理向你展示了同样的图像，但是这次展示的是广告的草图，它由一个单词组成：LIFE。在草图中，你可以清楚无误地看到一个词。

　　当你的感知系统已经设想好了建筑物的形状，你看到的就是建筑物的形状，并且建筑物之间的白色区域几乎不会被注意到。当你的感知系统设想好了文本，你看到的就是文本，字母之间的黑色区域几乎不会被注意到。

　　说明知觉促发效应如何影响感知的典型例子是一张图像，据说是由 R. C. James 创作的[⊖]。在大多数人看来，这张图像就像颜料随机飞溅的产物（见图 1.2），类似于画家 Jackson Pollack 的作品。在继续阅读前，请先看一下这张图像。

图 1.2   展示知觉促发效应对视觉系统的影响的图像（你看到了什么？）

⊖　见（Lindsay & Norman，1972）的 146 页图 3.17。

只有在告诉你这张图展示的是一只斑点狗在一棵树附近嗅着地面之后,你的视觉系统才能够将图像组织成一幅连贯的画面。此外,一旦你看到了狗,就很难再看到随机飞溅的颜料斑点了。

这些促发例子是视觉方面的,但是促发也会让其他类型的感知(如句子理解)产生偏差。举个例子,"新疫苗含有狂犬病"这样一个标题会因为最近听到的故事不同(有的人听到的是疫苗被污染的故事,有的人听到的是成功使用疫苗防治疾病的故事)而产生不同的理解。

1.1.2　熟悉的感知模式或框架

我们生活的大部分时间都是在熟悉的环境中度过的,包括家中的房间、所在的小区、上下学或工作的路线、办公室,以及附近的公园、商店、餐厅等。反复接触这些环境,我们的头脑中就会形成一种模式,即我们知道在何处应该看到什么。这些感知模式(部分研究者称之为感知框架)包含在特定环境下经常遇到的物体或事件。

例如,你对自己家中的房间都很了解,所以你不需要观察每个细节就知道它们的布局、大多数物体在什么地方,你甚至可以在黑暗中自如穿梭。但是,你心理感受上的家比实际的建筑空间更宽敞。除了实际的建筑空间模式,你的大脑中还有一个家的模式。它会使你对所有熟悉的或不熟悉的家的感知产生偏差。在厨房里,你期望看到炉子和水槽;在浴室里,你期望看到洗漱池、水槽、花洒或浴缸(或两者都有)。

我们对情境的心理框架会使我们的感知偏向于看到预期的物体和事件。这是一种思维捷径:通过消除我们对情境中每一个细节的不断审视,帮助我们在熟悉的世界中随意走动。不过,心理框架也会让我们看到并不真实出现在眼前的东西。

例如,如果你参观了一个没有炉子的厨房,你之后可能会记成有炉子,因为在你的心理框架中,炉子是厨房中必不可少的物体。同样,在外出就餐的场景中,你的心理框架包含了买单,尽管你可能因为心不在焉而忘记付账就离开了餐厅,事后回想时,你仍然会记成你买过单。你的大脑中同样也有小区、学校、街道、办公室、超市、医院、出租车、飞机等其他熟悉的情境的心理框架。

任何使用计算机、网站或智能手机的人都有关于桌面和文件、浏览器、网站以及各种应用程序和在线服务的框架。例如,当有经验的互联网用户访问一个新网站时,他们会期望看到网站名称和标志、导航栏、一些跳转链接,以及可能的搜索框。当他们在线预订航班时,会期望定制旅行细节、检查搜索结果、选择并进行购买。当他们在网上购物时,会期望有购物车和带有付款步骤的结账阶段。

因为经常使用软件和网站的用户已经有了感知框架，所以他们不用仔细查看就能点击按钮或链接。他们对显示的内容的感知更多的是基于他们对当前情境的框架让他们期待看到的内容，而不是基于屏幕上实际的内容。因此，软件设计师有时会感到困惑，他们希望用户能看到屏幕上显示的内容，但这不是人类视觉和注意力的工作方式。

例如，如果将多步骤分页对话框[⊖]最后一页的"下一页"（Next）和"返回"（Back）按钮的位置对调，很多用户也许不会立马注意到这个改变（见图 1.3）。他们的视觉系统可能会被前几页位置一致的按钮所迷惑而忽视这一点。即使多次因为误将"返回"按钮当作"下一页"点击而返回了上一页，他们可能还是会认为按钮位于其常规位置。这就是为什么"保持控件位置的一致性"是一项推荐的用户界面设计准则，它可以确保实际情况与用户的情境框架相匹配。

图 1.3　用户可能会始终感觉"下一页"按钮在右边，即使它并不在

类似地，如果我们试图在一个不同的地方或者看起来与平常不太一样的地方寻找某个东西，即使它近在眼前，我们或许还是找不到它，因为我们的心理框架会让我们在预期的位置去寻找预期特征。例如，如果网站中某个表单上的"提交"（Submit）按钮的形状或者颜色与其他表单上的"提交"按钮不同，用户可能就会找不到它。1.3 节将进一步讨论这种预期导致的视而不见。

1.1.3　习惯性

第三种经验给感知带来偏差的方式称为习惯性。重复接触相同（或高度相似）的感知会减弱感知系统对它们的敏感度。习惯性是神经系统中一种非常低级的现象：它发生在神

⊖　多步骤分页对话框在用户交互界面术语中称为向导（wizard）。

经元层面。即使是扁虫和变形虫等神经系统非常简单的原始动物，也会习惯于重复的刺激（例如轻微的电击或闪光）。拥有复杂的神经系统的人类会习惯于一系列事件，从低级事件（如持续的嘟嘟声）到中级事件（如网站上闪烁的广告），再到高级事件（如每次聚会上讲同样笑话的人，或是做冗长重复演讲的政客）。

我们在使用计算机时也会经历习惯性。当相同的错误消息或者是"你确定吗？"这种确认消息一而再，再而三地出现，我们最初会关注到它们，也许会做出回应，但最终会本能地将它们关闭，而不再费心去阅读。

习惯性也是最近出现的一种现象的一个影响因素，这种现象被称为"社交媒体倦怠"（Nichols，2013）、"社交媒体疲劳"或"Facebook 假期"（Rainie et al.，2013）；社交媒体网站和推特的新用户最初会对微博的新奇体验感到兴奋，但迟早会厌倦浪费时间阅读推特上关于他们的"朋友"所做或所看到的每一件小事，例如，"天啊！我今天午餐吃的三文鱼沙拉真的很棒！"

1.1.4 注意瞬脱

另一种由过去经验产生的低级感知偏见往往发生在我们突然注意到或听到一些重要的事情之后。在这种识别后的短时间内（0.15～0.45s 内），我们对其他听觉和视觉刺激几乎失聪和失明，尽管我们的耳朵和眼睛仍能正常工作。研究人员称之为注意瞬脱（Raymond et al.，1992；Stafford & Webb，2005）[⊖]，并认为这是由于大脑的感知和注意机制暂时完全忙于处理之前的识别而造成的。

一个经典的例子：假设你坐在一列正在进站的地铁车厢里，计划在车站会见两个朋友。当地铁到达时，你所在的车厢经过你的一个朋友，你从窗口看到了他。在接下来的瞬间，车厢窗口经过了你的另一个朋友，但你却没有注意到她，因为她的图像是在你识别第一个朋友时引起的注意瞬脱期间到达你的视网膜的。

当人们使用基于计算机的系统和在线服务时，如果信息快速连续地出现，注意瞬脱可能会导致他们错过信息或事件。一种流行的制作纪录片的现代技术是快速连续地呈现一系列静态照片。这项技术很容易产生注意瞬脱效应。如果一幅图像真的吸引了你的注意力（例如，它对你有很强的意义），你可能会错过紧随其后的一幅或多幅图像。相比之下，在自动运行的幻灯片放映中（例如，在网站或信息亭上），一幅迷人的图像不太可能引起注意瞬脱（即错过下一幅图像），因为每幅图像通常会保持显示几秒钟。

⊖ 第 14 章会讨论注意力闪烁间隔与其他感知间隔。

1.2　当前环境带来的感知偏差

当我们试图理解视觉感知的工作原理时，我们很容易将其视为一个自下而上的过程，将边缘、线条、角度、曲线和模式等基本特征组合成图形，最终形成有意义的对象。以阅读为例，你可以假设视觉系统首先将形状识别为字母，然后将字母组合成单词，将单词组合成句子，以此类推。

但视觉感知（尤其是阅读）不是一个严格的自下而上的过程。它也包括自上而下的影响。例如，字符所在的单词可能会影响我们识别字符的方式（见图 1.4）。

THE CHT

图 1.4　根据其周围的字母，同样的字母会被感知为 H 或 A

同样，我们对句子或段落的整体理解甚至会影响其中的单词。例如，相同的字母序列可以根据周围段落的含义被读成不同的单词（见图 1.5）。

> **Fold napkins.** *Polish silverware.* **Wash dishes.**
> **French napkins.** *Polish silverware.* **German dishes.**

图 1.5　同样的短语根据其所在的不同列表可以被感知为不同的意思

视觉语境偏差不一定涉及阅读。"米勒 – 莱尔错觉"（Müller-Lyer illusion）是一个著名的例子（见图 1.6）：两条水平线的长度相同，但向外指的"翅"会让我们的视觉系统认为其所在的线比向内指的"翅"所在的线长。这种错觉和其他视觉错觉（见图 1.7）之所以会欺骗我们，是因为我们的视觉系统没有使用准确、最佳的方法来感知世界。它是在进化过程中发展起来的，这是一个半随机的过程，将不完整和不准确的解决方案层层叠加。它在大多数情况下都工作得很好，但还是存在许多近似、拼凑、篡改和在某些情况下导致失败的彻底"错误"。

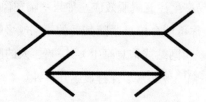

图 1.6　米勒 – 莱尔错觉：等长的水平线似乎有不同的长度

图 1.6 和图 1.7 中的示例显示视觉感知受视觉环境的影响。然而，当前环境给感知带来的偏差也在不同的感官之间起作用。我们五种感官中的任何一种的感知都可能影响其他感官的同步感知。我们的触觉感受可能会受我们所听到、看到或闻到的东西的影响而产生偏差，我们所看到的可能会受我们所听到的东西的影响而产生偏差，而我们所听到的也可能会受所看到的东西的影响而产生偏差。以下两个是视觉感知会影响我们听到的内容的例子：

- **McGurk 效应**。如果你观看一段视频，听到其中有人说"叭，叭，叭"，然后是"嗒，嗒，嗒"接着是"哇，哇，哇"，但整个音频其实都是"叭、叭、叭"，你听到的是说话人的嘴唇动作所指示的音节，而不是音频轨道中的实际音节。只有闭上眼睛或移开视线，你才能听到真正的音节。我敢打赌，你一定不知道自己会读唇语，而实际上你每天会读非常多次。
- **腹语**。腹语表演者并不会变音，他们只是会说话不动嘴而已。观众的大脑会认为声音来自离他们最近的在动的嘴巴——腹语表演者的木偶道具的嘴（Eagleman，2012）。

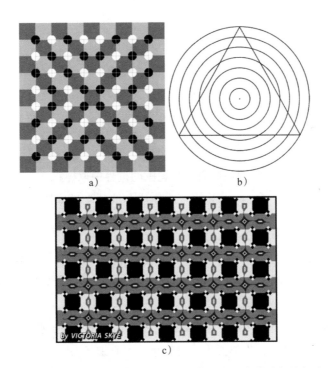

图 1.7　a）棋盘中间没有凸起；b）三角形的边没有弯曲；c）蓝色水平条是水平、笔直和平行的
（Copyright © Victoria Skye, victoriaskye.com，经许可使用）

反过来，听觉带偏视觉的一个例子就是幻觉闪光效应。当一个光斑在显示屏上短暂闪烁一次，但伴有两声快速蜂鸣音时，它似乎闪烁了两次。同样，可以通过重复点击的频率调整闪烁灯光的感知速率（Eagleman，2012）。

后面的章节会解释视觉感知、阅读和识别在人脑中的工作机制。在这儿，我将其简单地表述为：识别字母、单词、面孔或任何物体所对应的神经活动模式涉及由周遭环境刺激的神经活动的输入。这一周遭环境包括其他附近感知到的物体和事件，甚至包括重新激活的对先前感知到的物体和事件的记忆。

环境带来的感知偏差不仅存在于人身上，也存在于低等动物身上。我的一个朋友经常在开车外出时带上她的狗。一天，当她开车准备上路时，前院里出现一只猫。狗看到了猫，开始吠叫。我的朋友打开车门，狗跳了出来，试图追上猫，猫转身跳过灌木丛逃跑了。狗跳进灌木丛，但没有追上。这条狗此后一段时间一直兴奋不已。

此后，只要我的朋友住在那所房子里，每当她带着狗开车回到家时，狗就会兴奋起来，吠叫着，一开门就跳下车，冲出院子，跳进灌木丛。那里没有猫，但那没关系。开车回家足以让狗看到一只甚至闻到一只"猫"。然而，如果步行回家，比如每天遛完狗回家，并不会唤起"猫的幻觉"。

1.3　目标带来的感知偏差

除了我们过去的经验和当前的环境所带来的偏差之外，我们的感知还受到未来的目标和计划的影响。具体而言，目标可以：

- 引导我们的感官，让我们根据需要从周围的世界中取样；
- 过滤感知内容——与目标无关的东西往往会被预先过滤掉，不会在我们的意识中出现。

例如，当人们浏览软件或网站，寻找信息或特定功能时，他们不会仔细阅读。他们会快速而粗略地扫描屏幕，寻找与目标相关的条目。他们不仅仅是简单地忽略与目标无关的条目，而是通常甚至都注意不到它们。

为了证实这点，请浏览图 1.8 并寻找剪刀，找到后马上盖住这张图。试试看。

现在，不回头看工具箱，你能说出工具箱里是否有螺丝刀吗？

除了视觉之外，目标也能让我们过滤其他感官上的感知。一个常见的例子是"鸡尾酒会"效应。如果你正在鸡尾酒会中和他人交谈，你能专注地听到对方在说什么，尽管周围还有别的人在闲聊。你对谈话内容越感兴趣，你的大脑就越能过滤掉周围的闲聊。如果你对交谈对象所说的话感到厌烦，则可能会听到更多周围的对话。

图 1.8 工具箱

这种影响首先记录在对空中交通管制员的研究中，这些管制员能够与指定飞机的飞行员进行对话，即使许多不同的对话是在同一无线电频率下同时发生的，并且声音来自控制室内的同一个扬声器（Arons，1992）。研究表明，我们在同时进行的几场对话中专注于某一场对话的能力不仅取决于我们对对话的感兴趣程度，还取决于一些客观因素，如杂音中声音的相似性、一般"噪音"（例如，碗碟碰撞声或嘈杂的音乐）的大小，以及交谈对象所说内容的可预测性（Arons，1992）。

目标对感知的过滤对于成年人来说尤其如此，他们往往比儿童更关注目标。儿童更多是刺激驱动的，他们的感知较少受到目标的过滤。这一特点使他们比成年人更容易分心，但也使他们在观察时的偏差更小。

"客厅"游戏展示了感知过滤的年龄差异。它类似于图 1.8 所示的测试。大多数家庭都有一个放厨房用具或工具的万能抽屉。从客厅指派一位访客到万能抽屉所在的房间，让他拿一个工具，比如量勺或管钳。当这位访客带着工具返回客厅时，询问他抽屉中是否还有其他类型的某个物品。大多数成年人都不太会注意抽屉里的其他物品。如果儿童能够不被抽屉里其他有趣的东西分心，顺利完成任务的话，他们通常能够说出抽屉里还有些什么物品。

感知过滤也可以在人们浏览网站的方式中得到体现。假设我为你打开了新西兰坎特伯雷大学的主页（见图 1.9），并且让你查找有关计算机科学系为研究生提供资金支持的信息。你会快速地在页面中扫描"系""奖学金""计算机科学"或者"研究生"这些我告诉你的目标所包含的关键词。如果你发现了包含一个或多个关键词的链接，你可能会点击它。如果想要通过"搜索"来寻找，你可能会转到寻找搜索符号（右上角的放大镜），单击它并输入与目标相关的单词，然后单击"确定"。

图 1.9　坎特伯雷大学网站

无论是浏览还是搜索，很可能直到离开主页，你都没有注意到你被随机选中赢得 100 美元的信息（右下角）。为什么？因为这与你的目标无关。

我们当前的目标是如何影响感知的？这涉及以下两方面：

- **影响视觉焦点**。感知是主动的，而非被动的。把你的感官的工作机制想象成不是简单地去过滤进来的东西，而是主动面向世界，将你需要的东西感知进来。你的主要触觉感官——手，就是这样做的，其他感官也是一样。你不断地调动眼睛、耳朵、手、脚、身体和注意力，以准确地采样环境中与你正在做或即将要做的事情最相关的信息（Ware，2008）。如果你在网站上寻找校园地图，你的眼睛与控制鼠标的手会被任何可能与目标相关的信息吸引，或多或少会忽略那些与目标无关的信息。
- **让感知系统对某些特征敏感**。当你在寻找某样东西时，你的大脑会启动感知，让你对正在寻找的东西的特征特别敏感（Ware，2008）。例如，当你在大型停车场寻找一辆红色的汽车时，红色汽车会显得格外显眼，而其他颜色的汽车几乎不会出现在你的意识中，即使在某种意义上你确实看到了它们。同样，当你试图在黑暗且拥挤的房间里寻找你的伴侣时，你的大脑会"编码"你的听觉系统，使其对对方的声音特别敏感。

1.4 设计时应考虑到感知偏差

所有这些感知偏差都对用户界面设计有影响。这里将介绍以下三个方面。

1.4.1 避免歧义

避免显示存在歧义的信息，并且测试不同的用户以验证他们对所显示信息的理解是否一致。当歧义不可避免时，要么采用标准或惯例，要么采用最符合用户预期的方案。

例如，在数字设备的屏幕显示中，设计师通常会运用阴影来让用户界面组件从背景中凸显出来（见图 1.10）。这种方式依赖于大多数使用数字设备的人所熟悉的一种惯例，即光源位于屏幕顶部。如果用户不知道这个约定，那么他们可能并不清楚对象是凸起的还是凹陷的。

图 1.10　数字设备屏幕上添加了阴影的组件似乎漂浮在了背景之上，这种感知依赖于光源位于顶部的惯例

1.4.2 保持一致

保持信息和控件位置的一致性。同一功能的控件和数据显示应统一位置，并在不同的页面保持统一。同时，它们的颜色、文本字体、阴影等也应该保持一致。这种一致性可以帮助用户快速识别它们。

1.4.3 了解目标

用户带着他们想要实现的目标来使用系统。设计师应该理解这些目标，并认识到用户的目标可能各不相同，他们的目标会强烈影响他们的感知。确保在交互的每一个点上，用户需要的信息都是可用的、突出的，并且清楚地映射到可能的用户目标，以便用户注意到并使用这些信息。

1.5 重要小结

- 人类的感知并不能准确反映真实世界的情况。它受经验、当前环境和目标的影响。
- 过去的经验可以通过"知觉促发效应"使我们的感知系统检测某些物体和事件，同时不去检测其他物体和事件，从而使感知产生偏差。在短时间内重复感知事件会导致习惯性，增加错过对后期发生的事件的感知的可能性。凭借长期的经验，我们为熟悉的场景搭建感知框架，这使我们会感知不存在的事物或错过存在的事物。
- 因为注意力有限，当它超载时，我们可能会错过其他物体和事件。这就是"注意瞬脱"。
- 感知同时以两种方式运行：
  - 对物体和事件整体的感知是基于对部分的感知的。
  - 对部分的感知是基于对整体的感知的。
- 对物体和事件的感知会因情绪状态的影响而产生偏差。
- 感知系统（尤其是视觉系统）包括进化过程中的篡改和错误，这些篡改和错误会导致我们误解某些刺激。
- 目标和计划强烈影响着我们所关注的内容，从而影响着我们的感知。
- 遵循基于人类的感知工作原理而总结出的设计准则，设计人员可以创建适合用户的应用程序、网站和设备。

优化视觉以观察结构

20 世纪早期，一群德国心理学家开始探寻人类视觉感官是如何进行工作的。他们观察并记录了许多重要视觉现象。其中的一个基本发现是：人类视觉是全景式的——视觉系统会在进行视觉输入时自动形成结构，从而感知整体的形状、图形和物件，而非零碎的边缘、线条和区域。德语的"形状"或"图形"为 Gestalt，因此这些原理被称为视觉感知的"格式塔原理"。

如今，知觉和认知心理学家将格式塔感知理论视作一种描述性框架，而非解释性或预测性理论。当前关于视觉感知的理论更多基于眼睛、视觉神经以及大脑皮层的神经生理学（见第 4～7 章）。

不出所料，神经生理学研究者的发现为格式塔心理学家的观察结果提供了支撑。我们的确和其他动物一样，天生就具备以整体方式感知周边事物的倾向（Stafford & Webb，2005；Ware，2008）。因此，格式塔原理仍然是有效的——即便不作为视觉感知的基本解释，也至少可以作为一个描述性框架。这些原理也为图形设计及用户界面设计的指导准则提供了价值基础。

本书中，最重要的格式塔原理为接近性、相似性、连续性、封闭性、对称性、主题与背景（Figure/Ground），和共同命运（Common Fate）。接下来的章节将结合静态图形设计和用户界面设计案例，对每一原理进行描述。

2.1 格式塔原理：接近性

格式塔原理中的接近性是指物体之间呈现出来的相对距离，它们会影响我们对于这些物体排列的群组关系的感知。紧挨着的物体（相对其他而言）呈现为一个群体，相较更远的则不属于其中。

在图 2.1a 中，五角星在横排上比在竖排上更近，因此我们看到三排五角星；而在图 2.1b 中，五角星在竖排上比在横排上更加紧密，所以我们感知到的是三列五角星。

　　　a）行的形式　　　　　　　　　b）列的形式

图 2.1　接近性：距离更近的物体会以行和列的形式进行分组

虽然图 2.1 中的五角星看起来都长得差不多，实际上，这些放置在一起的物体并不需要长得相似才能成组。譬如，图 2.2 中的群组关系由物体之间的接近程度定义，而不是由它们的长相定义。

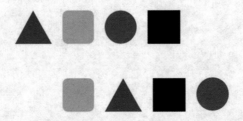

图 2.2　接近性：即使是不相似的物体，如果它们靠在一起，也会呈现出分组的效果

接近性原理之所以有用，主要体现在设计软件、网站和电子设备的控件面板或者数据表单上。不了解接近性原理的设计师，有时会通过组合框以及用横线或竖线来区分控件和数据显示的群组。例如，Outlook 通讯组列表成员（Distribution List Membership）对话框将"添加……"（Add...）、"删除……"（Remove...）和"属性……"（Properties...）按钮用接近性原理组合在一起，但是用一个毫无必要的组合框（group-box）部件（widget）将这些操作组与列表框关联起来（见图 2.3）。更没必要的是被标为"通讯组列表"的组合框部件，因为它只有一个单独的输入框（combo-box）。"包含一个元素的组合框"是种常见的 UI 设计问题（Johnson，2007）。

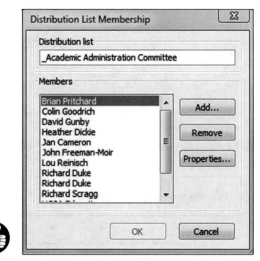

图 2.3 *在 Outlook 的通讯组列表成员对话框中，使用组合框不是很有必要。通过简单的接近性进行区分就够了*

使用接近性原理，通过使某些元素在间距上互相靠近，而不使用组合框或可视边界，显示的元素能在视觉上简单组合起来。接近性原理可被有序地应用，以定义父、子层级。例如，在火狐浏览器（Firefox）的键盘文本首选项对话框中，三个复选框分别控制拼写检查、自动大写以及自动添加句点（见图 2.4），它们和其他控件以及表格控件被进行了分组。图形设计专家推荐使用接近性原理来避免视觉混乱（Mullet & Sano，1994），减少没有任何数据贡献的墨水或像素的浪费（Tufte，2001），并减少所需实现的代码量。

接近性还控制对于控件上标签的感知。如果标签和它标记的元素之间间距太大，人们便不会将标签与元素关联上。相反，如果标签距离无关元素又太近，人们可能就会感知到它与这个元素关联，而非与原本期望的那个元素关联。例如，Delta.com（2015）表单上的单选按钮标签间距过近，就使人们很容易选到错误的按钮（见图 2.5a），而 United.com（2020）的单选按钮的标签间距则清晰呈现了哪一标签是对应哪一按钮的（见图 2.5b）。

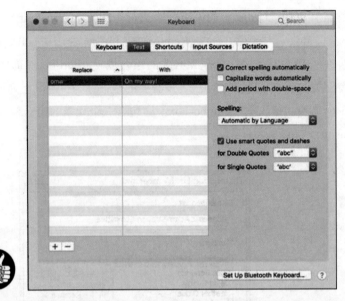

图 2.4　在火狐浏览器的键盘文本首选项对话框中，使用接近性原理将控件分组，而没有使用组合框和可视边界

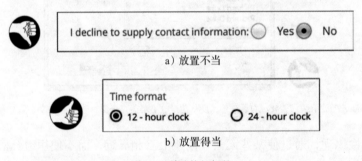

图 2.5　单选按钮标签

2.2　格式塔原理：相似性

另一个影响我们对于群组感知的因素体现在格式塔相似性原理上，该原理指出，看起来相似的元素会呈现为组，所有其他方面也是相同的。在图 2.6 中，稍微大一些的空心五角星被视作一组。

Gmail 利用相似性——以粗体和非粗体区分——帮助用户将未读邮件与已读邮件进行区分（见图 2.7a）。Lyft 的手机应用程序利用相似性——汽车形状——让用户一眼就能发现潜在乘客附近的区域有多少司机可供选择（见图 2.7b）。

图 2.6　相似性：如果元素之间的相似性比其他物体更高，它们就会呈现出群组的效果

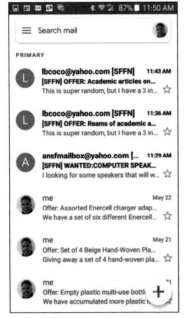

a）Gmail 使用相似性区分未读邮件与
已读邮件

b）Lyft 提供关于可用车辆的速览

图 2.7　相似性应用示例

　　Mac OS 应用里的"页面设置"（Page Setup）对话框同时使用了相似性和接近性原理来呈现分组效果（见图 2.8）。两个非常相似且间距紧凑的方向设置被视为一组。两个菜单的间距虽然没有很紧密，但看起来足够相似，因此呈现为一组，即使这可能并非有意为之。"取消"（Cancel）和"确定"（OK）按钮被放置在一起，远离其他所有元素，即便没有分割线，它们也会被视作一个组别。

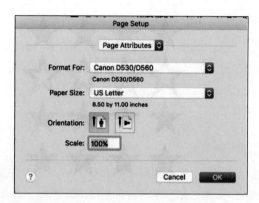

图 2.8　Mac OS 应用里的"页面设置"对话框同时使用相似性和接近性原理对设置和控件进行分组

2.3　格式塔原理：连续性

有几个格式塔原理描述了我们的视觉系统倾向于化解歧义或补足缺失数据，这样我们就能感知到物体整体。第一个是连续性原理，说明当视觉元素彼此排列成一条线时，我们的视觉感知会偏向将它们视作连续的形态而非断离的碎片。

例如，在图 2.9a 中，我们会不假思索地认为这是两条相交直线，而不是四段断开的短线，同样，我们也不会认为是一个 V 字和一个倒 V。在图 2.9b 中，由于这些元素为垂直排列，以及它们互相间隔着匹配可见碎片的曲率，因此我们看到的是一只水中海怪，而非三段碎片。假如我们错误地排列了碎片或没有按照期望的曲率形成间距，关于连续性的幻想则会破灭。

a)　　　　　　　　　　　　b)

图 2.9　连续性：人类的视觉倾向于看见连续形态，甚至在必要情况下会补充丢失的数据

一个众所周知的案例是在图形设计中利用连续性原理的 IBM 标识。它由不连续的蓝色碎片组成，却一点也不模糊。蓝色矩形碎片垂直堆叠着，于横向形成间距，因此可见三个粗体字母，一眼看去仿佛穿过百叶窗一般（见图 2.10）。

图 2.10　IBM 公司的标识使用连续性原理将断开的碎片组成字母

　　滑块控件是在用户界面中应用连续性原理的案例。我们看到滑块用于呈现一段单一范围（由出现在滑块某处的一个手柄控制），而非被手柄拆分的两段独立范围（见图 2.11a）。即使在滑块手柄的两侧显示不同颜色，也无法完全破坏我们对于滑块作为一个连续物体的感知，虽然 ComponentOne 选择强对比的颜色（灰色对红色）一定程度上还是会弱化这种感知（见图 2.11b）。

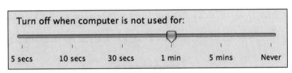

a）Mac OS

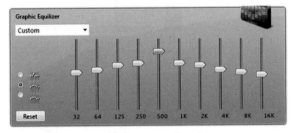

b）ComponentOne

图 2.11　连续性：我们将滑块视作一个带有手柄的单个槽道，而不是被手柄分开的两个槽道

2.4　格式塔原理：封闭性

　　同连续性原理相关的是封闭性格式塔原理：我们的视觉系统会自动尝试封闭开放的图形，所以它们会被感知为整体而不是分离的片段。因此，我们会将图 2.12a 中的非连续曲线视作一个圆圈。

　　我们的视觉系统相当偏好看见那些能将一个完全空白的区域解释为一个物体的东西。我们在图 2.12b 中看到形状的叠加，会将它们视作一个白色的三角形叠在另一个三角形以及三个黑色圆圈之上，即使这个图形实际只有三个 V 字和三个黑色的吃豆人。

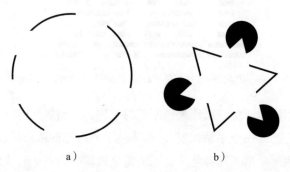

图 2.12　封闭性：人类视觉倾向于看见整体的物件，即使它们并不完整

封闭性原理通常被应用于图形用户界面（Graphical User Interface，GUI）上。例如，图形用户界面常以堆叠的方式（见图 2.13）呈现物体（如文件或消息）的集合。仅仅展示一个物体以及其"背后"其他物体的边缘，就足以使用户感知到这是一个完整的物体群。

图 2.13　封闭性：桌面图标描绘的堆叠物件，部分可见的物体被视为整体

2.5　格式塔原理：对称性

关于我们看见对象的第三个实际倾向在格式塔中以德语命名为"prägnanz"，字面意指"好的图形"，但通常被翻译为简单性或者对称性。它指出，我们倾向于通过某种方式对复杂的场景进行解析，从而降低复杂性。我们视野内的数据通常具有不止一种可能的解释，但我们的视觉会自动进行组织，通过简化的方式解释数据，并赋予其对称性，让它更易理解。

例如，我们在图 2.14 中看到最左侧的复杂图形是两个重叠的菱形，而不是两个无间相接的角砖，也不是一个叉着腰的八面体中心嵌入一个正方形。对比右侧两种解释，一对重叠的菱形要简练得多——相对而言，它比另外两种解释的边更少，对称性也更强。

对称性原理同样可以帮助我们把图 2.15 视为 5 个重叠的环，而不是一堆乱七八糟交错的弧线。

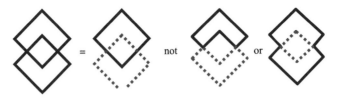

图 2.14 对称性：人类视觉系统试图将复杂场景解析为简单、对称的形状组合

图 2.15 对称性：预示着人们会将这个图形视作 5 个重叠的环

我们视觉系统对于对称性的依赖可以被用于促使复杂信息更容易被浏览和理解。例如，在表格中呈现信息——以一种对称的方式展示数据——能更轻松地提取所需信息（见表 2.1）。

表 2.1 表格利用对称性使数据比文本形式呈现时更容易浏览				
学生	测试 1	测试 2	测试 3	测试 4
Fred (B)	95	92	98	90
Susan H.	99	98	97	95
Sergei L.	83	91	92	88
Hannah N.	75	87	92	83

2.6 格式塔原理：主题与背景

下一个格式塔原理描述了视觉系统是怎么构建它接收到的数据的，这便是主题与背景。这个原理指出，我们的大脑将视觉区域拆分成了主题⊖（前景）和背景。前景由场景中的元素组成，形成我们主要关注的物体，背景则是剩下的部分。

⊖ 这里以图形为例进行演示。——译者注

主题与背景原理还规定，视觉系统将场景解析为主题与背景，也受到场景特征的影响。例如，当小型物体和更大的物体重叠时，我们倾向于认为小型物体是主题，而大型物体是背景（见图 2.16）。

图 2.16　*主题与背景：当物体重叠时，我们会将小型物体视为主题，将大型物体视作背景*

然而，我们对主题与背景的感知也并不完全取决于场景特征，也依赖于观看者的注意力焦点，如图 2.17 的插画所示，它是一个花瓶还是两张脸？

图 2.17　*花瓶还是人脸？对于主题与背景的感知取决于观看者的注意力焦点*

在用户界面和网页设计中，主题与背景原理常被用于在主要展示的内容背后放置一个令人印象深刻的背景。这个背景能传达一定信息，如用户在系统中的什么位置，如图 2.18 中所示的安卓桌面，它也能暗示主题、品牌或解释内容的情绪。

主题与背景原理也经常用于在其他内容上弹出信息。之前作为主题的内容——用户注意力的焦点——暂时成了新信息的背景，这些新信息又短暂地作为新主题呈现（见图 2.19）。这种方法通常比临时用新信息替换旧信息更佳，因为它提供了上下文，可以帮助人们保持对当前交互位置的关注。

图 2.18　主题与背景原理在移动手机、平板和计算机上用于展示设备主页或者桌面屏幕

a）PBS.org 移动网站上的呼叫行动　　　　b）安卓的设置下拉菜单
（call-to-action）

图 2.19　主题与背景原理可被用于在页面内容之上显示临时信息

2.7　格式塔原理：共同命运

前六个格式塔原理关注对于静态（不动的）物体的感知，最后一条格式塔原理——共同命运——则关注动态物体。

共同命运原理和接近性和相似性原理相关，和它们一样，它也影响我们是否能将物体视作一组。共同命运原理说明，一起移动的物体会被视为一个群组或者相关联的。

例如，在一堆五边形中，如果其中的 7 个同步旋转，人们将会把它们视作一个关联的群组，即使它们彼此分隔很远且看起来和其他五边形并无差异（见图 2.20）。

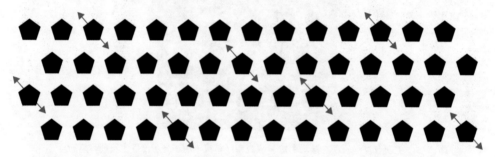

图 2.20　共同命运：如果物体一起移动，它们会被视为一组或者相关联的

2.8　格式塔原理：联结

当然，在真实世界的视觉场景中，这些格式塔原理是协同工作的，并不孤立。例如，典型的 Mac OS 桌面通常强调了这里阐述的七种原理中的六种，除共同命运外，接近性、相似性、连续性、封闭性、对称性和主题与背景原理都有（见图 2.21）。在典型桌面上，共同命运（和相似性一起）被用于当用户选择了几个文件或者文件夹并将它们一齐拖曳至一个新位置时（见图 2.22）。

由于这些格式塔原理同时运作，设计可能体现出意想不到的视觉关系。设计展示形式之后有种推荐的做法，即在观看时回忆每个格式塔原理——接近性、相似性、连续性、封闭性、对称性、主题与背景和共同命运——以理解该设计中是否暗含着某些元素之间的关系，而它并不是你想要的。

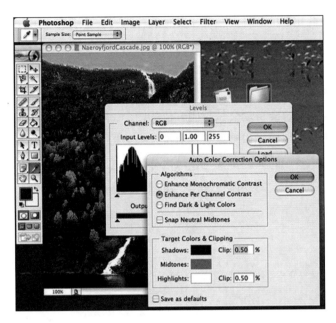

图 2.21　除共同命运外，所有格式塔原理在 Mac OS 桌面上都起到了作用

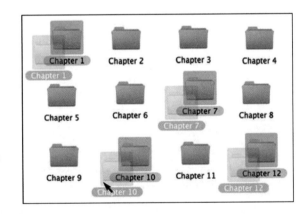

图 2.22　相似性和共同命运原理：当用户拖曳他们选中的文件夹时，共同的高亮显示和移动动作
　　　　使被选中的文件夹呈现为一组

2.9　重要小结

为便于参考，这里总结了本章涉及的视觉感知格式塔原理，这些原理与用户界面设计
息息相关：

- **接近性**：彼此相邻的物体（相对于其他物体而言）显示为一组，而其他分隔更远的则无关联。
- **相似性**：看起来相似的物体分为一组。
- **连续性**：视觉感知偏好感知连续的形态而非断开的部分。
- **封闭性**：视觉系统会自动尝试封闭开放的图形，将其视作整体而非分隔的碎片。
- **对称性**：视觉系统通过识别场景的对称性来解析复杂场景，以降低它们的复杂性。
- **主题与背景**：我们的大脑将视觉领域区分为主题（前景）和背景。
- **共同命运**：一起移动的物体被视作一组或相关联的。

第 3 章
CHAPTER

寻求并使用视觉结构

第 2 章解释了视觉系统是如何根据视觉感知的格式塔原理进行优化，从而感知结构的。感知环境中的结构有助于我们快速理解物体和事件。第 2 章还解释了当人们在软件或网站上浏览时并不会仔细查看屏幕并阅读每一个单词，他们只是快速地扫描与目标相关的信息。本章将展示，当信息以简洁、结构化的方式呈现时人们更容易浏览和理解，同时本章也将解释如何最好地构造信息。

3.1　结构化信息更易浏览

考虑一下，有两种关于航空公司航班预订的相同信息的呈现。第一种呈现是非结构化的散文文本；第二种是概述形式的结构化文本（见图 3.1）。预订信息的结构化呈现可以比散文式呈现更快地被浏览和理解。

接下来，考虑两种呈现列表的方式。同上，第一种呈现是非结构化的散文文本；第二种呈现使用了项目符号（见图 3.2）。项目符号列表比散文文本更容易浏览与理解。如果对列表进行编号，这也是正确的。

未结构化：

You are booked on United flight 237, which departs from Auckland at 14:30 on Tuesday 15 Oct and arrives at San Francisco at 11:40 on Tuesday 15 Oct.

结构化：

Flight: United 237, Auckland → San Francisco
   Depart: 14:30   Tue 15 Oct
   Arrive: 11:40   Tue 15 Oct

图 3.1 结构化呈现的航班预订信息更易浏览

未结构化：

Here is what I plan to do this week: clear out the garage, pull up the weeds in the back yard, repaint the back fence, plant the garden, call parents, buy birthday gift for Susan.

结构化：

To do this week:
- **clear garage**
- **pull back yard weeds**
- **repaint back fence**
- **plant garden**
- **call parents**
- **buy birthday gift for Susan**

图 3.2 结构化（带项目符号）列表更易浏览

信息的呈现越结构化、越简短，人们就越容易快速地浏览和理解信息。就像美国加利福尼亚州机动车管理局网站的"驾驶执照续期、副本和更改"页面（见图 3.3），即使使用项目符号列表，冗长、重复的链接也会让用户慢下来，并且"隐藏"了他们需要看到的重要单词。

相比之下，一个不那么冗长、更为结构化的设计可以避免不必要的重复，只将那些代表选项的单词标识为链接（见图 3.4）。修订版提供了与网站实际页面相同的信息和选项，但更容易浏览。

显示搜索结果是另一种情况。在这种情况下，结构化数据和避免重复的"噪声"可以提高人们快速浏览并找到所需内容的能力。2006 年，HP.com 的搜索结果中包含大量重复的导航数据和每个检索项目的元数据，以至于它们毫无用处。最近，惠普网站清除了重复数据并结构化了搜索结果，使结果更容易浏览且更有用（见图 3.5）。

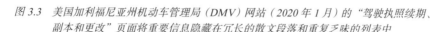

图 3.3 美国加利福尼亚州机动车管理局（DMV）网站（2020 年 1 月）的"驾驶执照续期、副本和更改"页面将重要信息隐藏在冗长的散文段落和重复乏味的列表中

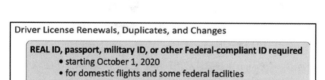

图 3.4 优化美国加利福尼亚州机动车管理局（DMV）网站的"驾驶执照续期、副本和更改"页面（虚构的），消除了不必要的文本使其更容易浏览

　　当然，要使信息显示易于浏览，仅使其简洁、结构化和不重复是不够的。它们还必须符合图形设计的规则，其中一些规则已在第 2 章中介绍过。

　　例如，房地产网站上的抵押贷款计算器的预发布版本以表格形式呈现其结果，该表格违反了至少两个重要的图形设计规则（见图 3.6a）。首先，人们通常习惯从上到下地阅读（在线或者离线），但是计算量的标签却在数值之下。其次，标签距自身所对应的值与另一个值距离一样，因此不能使用相近性（参见第 2 章）来感知标签与其值为一组。要想理解这个抵押贷款结果表，用户必须仔细检查它，并慢慢找出哪些标签与哪些数字相对应。

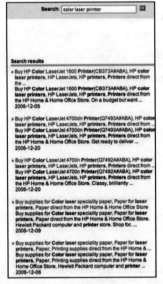

a）改善前   b）改善后

图 3.5　2006 年，HP.com 网站搜索结果产生了重复的"噪声"，但后来（2019 年）有所改善

相比之下，修改后的设计可以让用户毫不费力地感知标签和值之间的对应关系（见图 3.6b）。

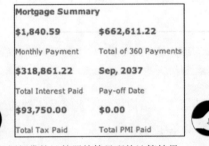

a）抵押贷款计算器软件呈现的计算结果　　　　　b）优化后的设计

图 3.6　抵押贷款计算器软件呈现的计算结果和优化后的设计

3.2　视觉层次结构帮助人们找到相关信息

结构化信息呈现的常见方法之一是提供视觉层次结构——进行一种编排：

- 将信息分组，并将冗长信息分为短小信息；

- 使内容清晰可见，突出地标记每个组和小组；
- 将组和子组分出层次结构，高级别组的呈现比低级别的子组更加突出。

视觉层次结构允许人们在浏览信息时快速区分与其目标相关的内容和不相关的内容，并将注意力集中在相关信息上。他们可以更快地找到自己想要的内容，因为他们可以轻松地跳过其他一切内容。

试一试查看图 3.7 中的两组信息呈现，找到关于“突出”（prominence）的信息。你需要多长时间才能在非层次结构表示中找到它？

Create a Clear Visual Hierarchy

Organize and prioritize the contents of a page by using size, prominence, and content relationships. Let's look at these relationships more closely. The more important a headline is, the larger its font size should be. Big bold headlines help to grab the user's attention as they scan the Web page. The more important the headline or content, the higher up the page it should be placed. The most important or popular content should always be positioned prominently near the top of the page, so users can view it without having to scroll too far. Group similar content types by displaying the content in a similar visual style, or in a clearly defined area.

a）散文文本格式强制用户阅读或略读所有内容

Create a Clear Visual Hierarchy

Organize and prioritize the contents of a page by using size, prominence, and content relationships.

Let's look at these relationships more closely:

- **Size.** The more important a headline is, the larger its font size should be. Big bold headlines help to grab the user's attention as they scan the Web page.
- **Prominence.** The more important the headline or content, the higher up the page it should be placed. The most important or popular content should always be positioned prominently near the top of the page, so users can view it without having to scroll too far.
- **Content Relationships.** Group similar content types by displaying the content in a similar visual style, or in a clearly defined area.

b）视觉层次结构允许用户跳过不相关的内容，直接找到与目标最相关的信息

图 3.7 在这些呈现中找到关于层次结构的建议

图 3.7 中的示例展示了在文本只读信息的显示中视觉层次结构的价值。视觉层次结构在交互式控制面板和表单中同样重要——或许更加重要。比较两种不同软件产品的对话框（见图 3.8）。音乐应用程序 Band-in-a-Box 的“生成音轨”（Generate SoundTrack）对话框的视觉层次结构很差，用户很难快速浏览并找到设置。Adobe Acrobat Pro 的“打印”（Print）对话框的视觉层次结构良好，所以用户能够快速地找到所需要的设置。

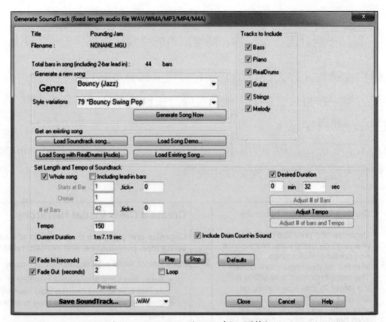

a）Band-in-a-Box（2017 年，不佳）

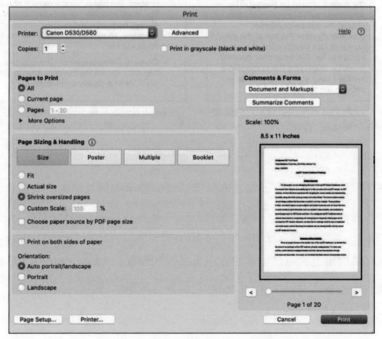

b）Adobe Acrobat Pro（2019 年，良好）

图 3.8 交互式控制面板和表单中的视觉层次结构使用户可以快速找到设置

3.3　超越视觉层次结构：信息层次结构

视觉层次结构实际上应该称为"信息层次结构"，因为基本设计原则的应用范围比视觉设计更广泛。分层组织信息，使用标题、子标题和其他分组来定义组和子组，甚至可以帮助视力受损的用户和盲人用户找到他们正在寻找的东西。

思考一下，假设一个盲人使用屏幕阅读器搜索图 3.7 所示的信息呈现来获取有关"突出"的信息，或试图在图 3.8 所示的对话框中寻找特定设置。

在图 3.7a 中，盲人用户必须命令他们的屏幕阅读器按部就班地阅读大部分信息，才能抵达所需的内容。但是在图 3.7b 中，通过标题将信息分隔为不同的组时，盲人用户可以命令他们的屏幕阅读器只阅读各组标题，跳过不相关组中的内容。因此，他们能更快地获取有关"突出"的信息。

同样，使用 Band-in-a-Box 的"生成音轨"对话框（图 3.8a），盲人用户不得不费力地在大多数设置中逐个切换，直到找到他们想要的设置。但使用 Acrobat Pro 的"打印"对话框（图 3.8b），假设区域中的标题被程序打上了"标题"的记号，他们可以快速定位到相关部分，然后在其中查找他们想要的控件。

为了帮助 Web 开发人员和设计师创建可供视力障碍者使用的信息显示，万维网联盟（W3C）创建了 Web 内容可访问性指南（WCAG 2.0）（W3C，2008a）。WCAG 2.0 建议设计师使用级联样式表来标记文本组和子组，并使用适当的级标题来对屏幕内容分区和细分（W3C，2008b）。

3.4　"组块"帮助人们浏览和输入数据

如果数据是结构化的，即使是少量数据也更容易浏览。下面有两个例子，分别涉及电话号码和信用卡号（见图 3.9）。这些数字应该被分成几部分（通常称为"组块"）以使它们更容易浏览和记忆。几十年前，当电话号码和信用卡号码被引入时，心理学家和人为因素研究人员基于人类的短时记忆能力（Moran，2016）（另见第 7 章）确定了组块的正确大小（Miller，1956）。

不幸的是，如今许多电话号码和信用卡号码的数字呈现既没有将数字分成组块，也不允许用户输入包含空格、连字符、括号或其他标点符号（见图 3.10a）。这使得人们更难浏览数字或验证输入是否正确，这是用户界面设计错误（Johnson，2007）。

难: 4155551212
易: 415-555-1212

难: 1234567890123456
易: 1234 5678 9012 3456

图 3.9　电话号码和信用卡号码在分成"组块"后更容易浏览、理解和记忆

要创造良好的用户体验，用户界面应该支持将数字分成组块，用户可以使用空格或其他标点符号将它们拆分（见图 3.10b）。

a）信用卡号码不能包含空格或其他
标点符号，因此难以浏览和验证

b）当用户输入数字时会自动添加空格

图 3.10　示例见（KP.org，2020）和（Amazon.com，2020）

或者，设计师可以通过为数字的每个部分提供单独的字段来支持将长数字分成组块。即使要输入的数据严格来说不是数字，单独的数据字段也呈现了更易用的视觉结构，这可以提高可读性并有助于防止数据输入错误，比如日期和电话号码（见图 3.11）。

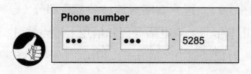

图 3.11　BankOfAmerica.com（2020）将电话号码分成三部分，因此无法输入格式不正确的号码

将数据分成"组块"不仅可以帮助人们浏览、理解和回忆长数字，还可以帮助人们了解其他类型的数据。它使数据更好地匹配人类记忆和注意力的局限性，这些将在第 7 章和第 8 章中进行更全面的讨论。

3.5　更多的输入结构：特定于数据的控件

设计师可以结合文本字段和其他控件来设计混合控件，以便从用户那里获取特定类型的值。这种分段文本字段的结构升级是一种特定于数据的控件。使用特定于数据的控件，用户无法输入无效数据，因此消除了用户输入时犯的类型错误。

例如，如今大多数航空公司都使用文本字段和日历控件让客户选择航班日期（见图 3.12）。特定于结构化数据的控件也可以从菜单设计。例如，Southwest.com 使用月、日和年菜单来设计出生日期控件（见图 3.13a）。菜单也可以与文本字段相结合，如 Google 中的出生日期控件（见图 3.13b）。

a) AirNewZealand.com　　　　　　b) mobile.Southwest.com

图 3.12　为了获取航班日期，大多数航空公司使用混合控件：文本字段 + 日历控件

a) 在 Southwest.com（2020）上使用菜单

图 3.13　出生日期控件

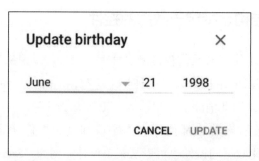

b）在 Google.com（2020）上使用菜单＋文本字段

图 3.13　出生日期控件（续）

3.6　重要小结

- 以简洁、结构化的方式呈现信息使人们更容易浏览、理解和记忆。删除不必要的文字、避免重复。使用项目符号列表和编号列表而不是文本段落。
- 视觉层次结构将内容清晰标记成组和子组，它是构建信息的"最佳实践"方式。
- 信息的层次结构通过标题将信息分隔为不同部分，可帮助有视觉障碍的人使用屏幕阅读器找到他们想要的内容。
- 将数据（例如电话号码、信用卡号码、序列号）分成"组块"有助于人们浏览、输入和记忆。

OK/Cancel

色觉是有限的

人类对颜色的感知既有优势也有局限，其中许多都与用户界面设计相关，例如：

- 我们的视觉被充分利用以发现对比度（边缘），而不是绝对的亮度。
- 我们识别颜色的能力取决于色彩是如何呈现的。
- 一些人患有色盲症。
- 显示和观看条件会影响用户对颜色的感知。

为理解人类色觉的质量，我们从一个简短的描述说起：人类的视觉系统是如何处理环境中的颜色信息的。

4.1　色觉是如何工作的

如果你在大学里修过心理学或神经生理学的入门课程，可能会知道人类眼睛背后的视网膜（眼睛聚焦图像的表面）有两种类型的光吸收细胞：视杆细胞和视锥细胞。你可能也了解到视杆细胞用于检测光线水平而非颜色，而视锥细胞则用于检测颜色。最后，你还可能知道有三种对于红光、绿光和蓝光敏感的视锥细胞，这说明色觉类似于摄像机及计算机显示器，它们能够通过红、绿和蓝像素的组合探测或投射出各种各样的颜色。

你在大学里学到的东西只有一部分是正确的。实际上，视力正常的人的视网膜上确实有视杆细胞和三种类型的视锥细胞[⊖]。视杆细胞对整体亮度敏感，而三种视锥细胞对不同频率的光线都很敏感。但直到如今，这点也是多数人在大学里学到的知识与真实情况相差甚远的体现。

首先，我们这些生活在工业社会中的人根本不怎么使用我们的视杆细胞。它们只在暗光下发挥作用，在微光环境下发挥作用——我们的祖先直到 19 世纪都生活在这样的环境下。如今，我们只会在烛光晚餐、夜间在黑暗的房子里摸索、天黑后在野外露营等情况时，才会使用视杆细胞（见第 5 章）。在明亮的日光及现代人工照明环境中——我们大部分时间都在这种环境中度过——视杆细胞所能提供的价值信息极少。多数时候，我们的视觉都完全基于视锥细胞输入（Ware，2008）。

那么，视锥细胞又是如何工作的？三种视锥细胞都分别对红光、绿光和蓝光敏感吗？事实上，每种视锥细胞对光频率的敏感范围比你想象的更广，它们的敏感范围也有相当程度的重叠。此外，三种视锥细胞的整体敏感程度又有极大差异（见图 4.1a）：

- **低频**。这些视锥细胞几乎对整体可见光范围都很敏感，但对中频（黄色）和低频（红色）最为敏感。
- **中频**。这些视锥细胞对于从高频蓝色光线至低中频黄色和橙色光线都有反应。总而言之，它们的敏感度比低频视锥细胞更弱。
- **高频**。这些视锥细胞对处于可见光光谱顶端的光线（紫色和蓝色）最为敏感，但也对中频光（比如绿色）有较弱的反应。这些视锥细胞的敏感度整体比其他两种类型更低，数量也更少。这导致的一个结果便是我们的眼睛对蓝色和紫色的敏感度相比其他颜色更弱。

将我们视网膜视锥细胞的光敏感度图（见图 4.1a）和一张可能长这样的图进行对比：假如电子工程师把视网膜设计成如相机一样的，对红色、绿色和蓝色敏感的受体镶嵌物（图 4.1b）。

考虑到三种视网膜视锥细胞的敏感度之间的奇特关系，人们可能想知道大脑是如何结合视网膜视锥细胞的信号，使我们看到广域颜色范围的。

⊖ 色盲患者的视锥细胞可能少于三种，有些女性则有四种视锥细胞（Eagleman，2012；Macdonald，2016）。

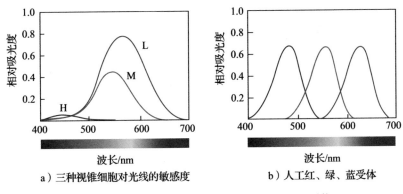

图 4.1 视锥细胞的光敏感度图和人工红、绿、蓝受体

答案是通过减法。大脑后侧的视觉皮层神经元减去来自中频和低频视锥细胞的视神经信号，产生一个红绿色差异信号通道。视觉皮层的其他神经元减去来自高频和低频的视锥细胞的信号，产生一个黄蓝色差异信号通道。视觉皮层的第三组神经元将来自低中频视锥细胞的信号相加，产生一个整体亮度（或黑白）信号通道[⊖]。这三个通道被称为"颜色对抗互补色通道"。

随后，大脑对三个颜色对抗互补色通道应用了额外的减法过程：来自视网膜特定区域的信号被来自该视网膜附近区域的类似信号极其有效地减去。

4.2 视觉优化用于探测边缘，而非亮度

所有这些减法使得我们的视觉系统对颜色和亮度的差异——对比颜色和边缘——相较于绝对亮度水平而言更加敏感。

关于这一点，请看图 4.2 中的内部长条。长条的右侧看起来更暗，但实际上灰度相同。在对比度敏感的视觉系统看来，长条的左侧更亮而右侧更暗，因为外部的长方形的左侧更暗而右侧更亮。

视觉系统对于对比度、边缘和快速变化的敏感度，比对绝对亮度水平的敏感度更有优势：它帮助我们的远古祖先（无论他们是在阳光明媚的中午还是在阴云密布的清晨）在附近灌木丛中识别出豹子，并让他们认为都是同一种危险动物。同样，对对比颜色而非绝对颜色敏感可以让我们在任何情况下都能将玫瑰看作红色（无论是在阳光下看还是在阴影下看）。

⊖ 整体亮度总和忽略了高频（蓝紫色）视锥细胞的信号。这些视锥细胞是如此的不敏感，以至于它们对总和的贡献可以忽略不计，所以忽略它们几乎没有什么影响。

图 4.2 内部灰色长条右侧看起来更暗，但实际上灰度相同

美国麻省理工学院的大脑研究员 Edward H.Adelson 对视觉系统在绝对亮度上的不敏感和在对比度的敏感上进行了出色的说明（见图 4.3）。也许很难相信，棋盘上的方块 A 和方块 B 有着绝对相同的灰度。方块 B 只是看起来是白色的，因为它被描绘为在圆柱的阴影中。

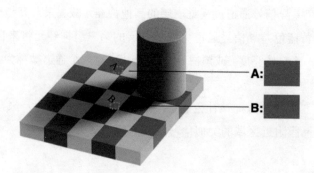

图 4.3 标记为 A 和 B 的方块具有相同的灰度。我们看到 B 是白色的，因为它被圆柱的阴影所遮蔽

4.3 颜色的可辨别性取决于它们是如何呈现的

我们甚至在区分颜色之间差异的能力上也有局限性。由于视觉系统的工作原理，有三个呈现因素会影响我们区分颜色的能力：

- **浅淡度**。两种颜色越浅淡（饱和度越低），它们之间的差异就越难识别（见图 4.4a）。
- **色块大小**。物体越小或越细，就越难区分它们的颜色（见图 4.4b）。文字通常很细，因此就难以确定文字的确切颜色。
- **色块间距**。色块的间距越大，越难识别颜色的差异，尤其当间距足够大，以至于需要眼球在色块间移动的时候（见图 4.4c）。

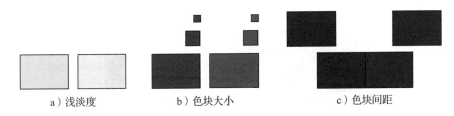

a）浅淡度　　　　　　b）色块大小　　　　　　c）色块间距

图 4.4　影响辨别颜色能力的因素

图 4.5 展示了一个颜色案例，这个颜色过于浅淡以至于在任何设备上都没有人能看清。它是一个模拟航空公司网站登机过程的当前步骤指示器。当前步骤仅在圆圈内标为淡绿色。也许你可以分清淡绿色填充的圆圈和白色圆圈，但若你有视力障碍或者在灰度屏幕、有白平衡问题的数字投影机上观看，可能就分不清了。

图 4.5　当前的步骤仅用淡绿色标记，这使得一些用户很难看到

在数据图表和图形中经常可以看到小的色块，很多商业图形包会在图表和图形上生成图例，但图例的色块非常小（见图 4.6）。图例应该大到足以帮助人们区分颜色（见图 4.7）。

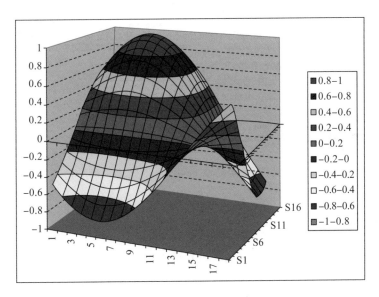

图 4.6　图例中的小色块很难区分颜色

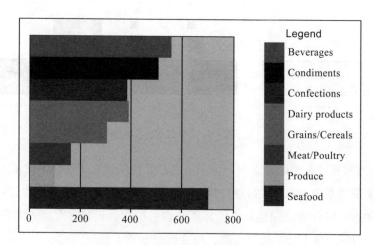

图 4.7 大的色块更容易区分颜色

在网站中，颜色的常见用处在于区分已关注和未关注的链接。在一些网站上，"已关注"和"未关注"的颜色实在太相似了。美国明尼阿波里斯联邦储备银行的网站（见图 4.8）就有这个问题，而且，两种颜色是深浅不一的蓝色，而深浅不一的蓝色是我们眼睛最不敏感的颜色范围。你能认出两个已关注的链接吗？ ⊖

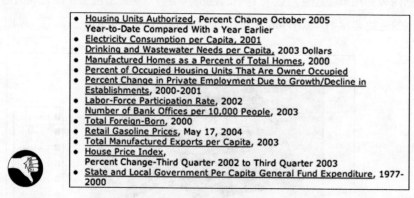

图 4.8 在明尼阿波里斯联邦储备银行的网站上，已访问链接和未访问链接的颜色差别太细微了

4.4 色盲

影响交互系统设计原则的第四个色彩呈现因素是，颜色能不能被有着常见类型色盲的人们区分开。除在极其严重的情况下，色盲并不意味着完全看不见颜色。这只意味着正常

⊖ 图 4.8 中已关注链接是 Housing Units Authorized 和 House Price Index。

视力者的三种视锥细胞受体没有全部产生作用，因此难以或不可能区分特定组合的颜色。

约有 8% 的男性以及略低于 0.5% 的女性有色觉缺陷：难以辨识特定组合的颜色（Wolfmaier，1999；Johnson & Finn，2017）。最为常见的色盲类型是红绿色盲，其他类型则相对罕见。图 4.9 所示的颜色组合便是红绿色盲（双盲）患者难以区分的颜色。

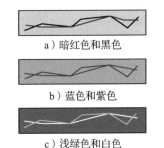

图 4.9　红绿色盲患者不能区分的颜色

a）暗红色和黑色

b）蓝色和紫色

c）浅绿色和白色

家庭财务应用 Moneydance 提供了一种用颜色显示家庭多种开支类别的图表细目（见图 4.10）。

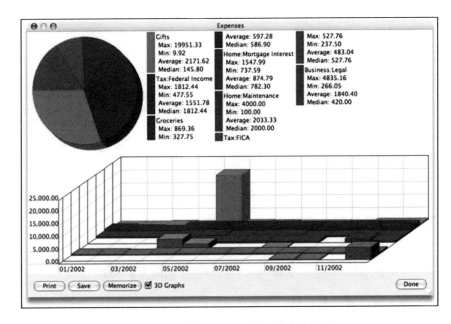

图 4.10　Moneydance 的图表使用了一些用户无法分辨的颜色

不幸的是，很多颜色是色盲人士难以区分的色调。例如，红绿色盲患者不能区分蓝色和紫色或者绿色和卡其色。对于非色盲，也可以通过将图片转为灰度（见图 4.11）来判断图中的哪些颜色难以区分，但正如 4.6 节所描述的，最好还是用色盲滤镜或模拟器来检查图片（见图 4.12）。

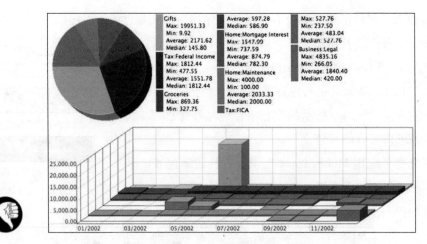

图 4.11　Moneydance 的灰度图

a）正常版本　　　　　　　　　b）红绿色盲滤镜版本

图 4.12　谷歌标志

4.5　影响区分颜色能力的外部因素

使用数字技术的环境也会影响人们区分颜色的能力，例如：

- **彩色显示器的多变性**。计算机显示器在颜色显示方式上的差异取决于其技术、驱动软件或者颜色设置。数字投影仪和辅助屏幕显示的颜色有时也和发送图片的计算机上显示的有所区别。即使是有相同设置、同一型号的显示器，显示的颜色也会有轻微差异。在一个显示器上看起来是黄色的东西，在另一台显示器上可能显示为米黄色。在一台显示器上明显不同的颜色可能在另一台显示器上看起来就是一样的。

- **灰度显示器**。虽然现在大多数显示器都是彩色的，但仍然有一些设备，尤其是小型手持电子书阅读器，还有黑白或者灰度显示器（见图 4.13）。灰度显示器可以使不同颜色看起来都是一样的。

图 4.13 带有灰度显示器的电子书阅读器

- **日间 / 夜间调节和夜间模式**。大多数现代智能手机、平板和计算机都可以根据需要或基于一天的时间来调节它们的色彩平衡。有些色彩调节是微妙的，比如当设备减少显示器中蓝色的量，以消除在设备使用了一晚之后对于用户睡眠的干扰。有些颜色调节是大幅度的，比如转换至"夜间模式"，在暗色背景上显示亮色内容（讽刺的是，就像大多数计算机终端在几十年前做的那样）。所有这些都会影响用户在界面上看到的颜色。
- **显示角度**。一些计算机显示器，尤其液晶显示器，在直视时会比在有一个角度时效果更好。当以一个角度观看液晶显示器时，颜色和颜色间的差异常常都会变化。
- **环境照明**。正如任何一个试图在直射阳光下使用银行 ATM 的人都知道的一样，打在显示器上的强光会在冲刷掉明暗区域之前，先冲刷掉颜色，把彩色显示器降至灰度。在办公室里，炫光和百叶窗的阴影能够掩盖颜色的差异。智能手机和平板计算机无处不在，可在各种可能的光线条件下使用。

软件设计师通常难以控制这些外部因素。因此，设计师也应当牢记，他们是无法完全掌控用户对于色彩的浏览体验的。在开发设施、开发团队的计算机显示器以及正常办公照明条件下看起来极其容易区分的颜色，在某些环境中可能就不那么容易区分了。

4.6　色彩使用准则

在依靠色彩传递信息的交互软件系统中，请遵循以下五条准则以确保软件的用户能够接收到信息：

- **使用独特的颜色**。回想一下，我们的视觉系统将来自视网膜视锥细胞的信号结合起来产生三种颜色对抗互补色通道：红绿、黄蓝以及黑白（亮度）通道。人们最容易区分的颜色是在这三个通道之一产生强烈信号（正或负），以及在其他两个通道中引起中性信号的颜色。毫不意外，这些颜色是红色、绿色、黄色、蓝色、黑色和白色。所有其他颜色在不止一个通道上产生信号，因此视觉系统无法像区分那六种颜色一样，快速地将它们与其他颜色区分开来（Ware，2008）。

- **分开强烈的对抗互补色**。将对抗互补色置于彼此相邻或重叠的位置会引起令人不安的闪烁感，因此这是应当避免的情况（见图 4.14）。

图 4.14　对抗互补色直接相邻会引起闪烁感

- **通过饱和度、亮度和色调区分颜色**。为使软件上运用的颜色能让所有视力正常的用户都感知到，需要避免细微的色彩差异。确保色彩有着高对比度（请参阅第 5 条准则）。测试色彩差异是否足够大的一种方式是用灰度查看。如果在它们被渲染为灰色时你却无法识别出颜色，那么它们便不具有足够的差异性。

- **避免使用色盲人群无法分辨的颜色组合**。这种组合包括暗红色对黑色、暗红色对暗绿色、蓝色对紫色，以及浅绿色对白色。不要在深色背景上使用暗红色、蓝色或紫罗兰色。反之，要在浅黄色和绿色背景上使用暗红色、蓝色和紫罗兰色。

  使用在线色盲模拟器检查网页和图片，以了解有着不同色觉缺陷的人们看到的世界是什么样的。

- **除颜色之外，还使用其他提示线索**。不要只依赖颜色。如果用颜色标记某件事，也可以用另一种方式标记它。例如，如果绿色意味着一件事而蓝色意味着另一件

事，那么不要展现绿色点和蓝色点，建议展现一个绿色三角形对一个蓝色点，从
而在形状和颜色方面都呈现出差异性（见图 4.15）。

a）只使用颜色　　　　　b）结合其他线索如形状

图 4.15　不要只使用颜色来传达信息

　　明尼阿波里斯联邦储备银行的图表遵循了上述准则 3，使用了绿色阴影（见图 4.16）。
这是一个精心设计的图表。任何视力正常的人都能看懂。

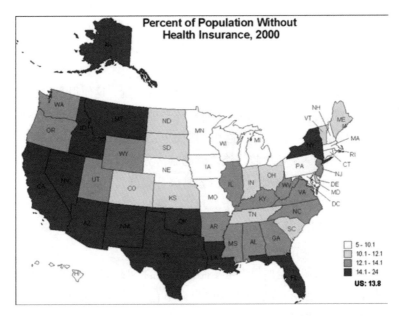

图 4.16　MinneapolisFed.org 的图表使用了任何显示器上所有视力正常的人都能看到的阴影差异

　　现在让我们用准则 5 来解决之前讨论的设计问题（见图 4.5），即模拟航空公司登机过
程的当前步骤仅使用淡绿色进行标记（见图 4.17a）。一个简单的纠正方法是用粗体的圆圈、
粗体步骤号、粗体文字，并增加绿色的饱和度来标记当前步骤，这样它就能与其他圆圈的
白色背景形成更强烈的对比（见图 4.17b）。为了让使用屏幕阅读器的盲人知道他们处于哪
一个步骤，还可以将当前步骤的 ALT 文本设置为"当前步骤"来标记它。通过这些改善，
当前步骤的标记便是多余的，正如准则 4 所建议的那样。

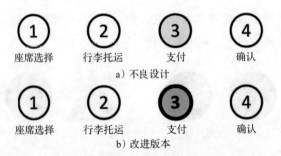

图 4.17　改进设计更易于访问：当前步骤使用粗体和更饱和的颜色突出显示

4.7　重要小结

- 色觉正常的人眼睛的视网膜中有三种类型的视锥细胞受体。色盲人群则只有两个功能类型（少数情况下只有一个类型）的视锥细胞受体。一小部分女性有四种类型的视锥细胞受体。

- 人类色觉主要通过减法工作：红减绿和蓝减黄。这使得我们的视觉系统主要对对比度、边缘和快速变化敏感，而对整体亮度水平或绝对颜色则不那么敏感。

- 我们识别两种色块差异的能力，取决于：
  - 浅淡度：两个色块越浅淡，就越难区分它们。
  - 色块大小：色块越大，就越容易区分颜色。
  - 色块间距：它们之间的距离越近，就越容易区分。

- 几个外部因素影响我们区分颜色的能力：
  - 彩色显示器在色彩平衡上可能存在差异。
  - 一些显示器（比如很多电子阅读器上的）显示为灰度或者黑白色。
  - 许多现代显示器都可以让用户调节色彩平衡，如夜间模式（降低蓝色水平）以及日间/夜间调节。
  - 一些屏幕的观看角度会影响色彩的显示。
  - 环境照明。

- 色彩使用指南：
  - 使用独特的颜色。
  - 分开强烈的对抗互补色。
  - 通过饱和度、亮度和色调区分颜色。
  - 避免使用色盲人群无法分辨的颜色组合。
  - 除颜色之外，还使用其他提示线索。

周边视觉不佳

第 4 章解释了人类视觉系统在检测和处理颜色的方式上与数码相机有何不同。视觉系统的分辨率与相机也不相同。在数码相机的光电传感器上,感光元件均匀分布在一个紧密的矩阵中,因此整个图像帧的空间分辨率是恒定的。但是,视觉系统并不是这样的。

本章解释了原因:

- 人们通常不会注意到视野周边颜色柔和的固定物品;
- 人们通常会注意到周边的移动物体。

5.1　中央凹与周边的分辨率比较

人类视野的空间分辨率从中心到边缘大幅下降,原因有三:

- **像素密度**。人眼的视网膜有 6 到 7 百万个视锥细胞。这些细胞主要集中在视网膜上一小块被称为中央凹(fovea)的视野中央区域,而非视网膜周边(见图 5.1)。中央凹每平方毫米有大约 158 000 个视锥细胞。视网膜的其余部分每平方毫米只有 9000 个视锥细胞。

- **数据压缩**。中央凹中的视锥细胞以 1:1 的比例连接到神经节神经元细胞，这些细胞聚合成了处理和传输视觉数据的视神经。而在视网膜的其他地方，1 个神经节细胞被多个感光细胞（视锥细胞和视杆细胞）连接。更学术的说法就是，来自中央凹周边的信息在传输到大脑前会被压缩（伴有数据丢失），而来自中央凹的信息不会被压缩。

- **处理资源**。中央凹大约占据视网膜的 1%，却占据了大脑视觉皮层 50% 的数据处理区域。视觉皮层的剩下的 50% 处理来自视网膜剩余 99% 的区域的数据。

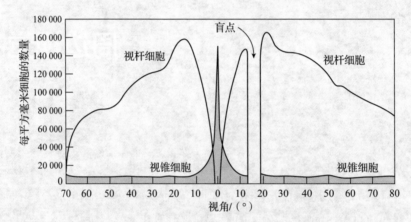

图 5.1　感光细胞（视锥细胞和视杆细胞）在视网膜上的分布（来自 Lindsay, P., Norman, D.A., 1972. *Human Information Processing. Academic Press, New York and London.*）

　　基于这三个原因，视觉在视野中心的分辨率比其他地方高得多（Lindsay & Norman，1972）。用开发人员的术语来说：在视野中心的 1%（中央凹）是一个高分辨率的 TIFF，而在视野的其他地方则是一个低分辨率的 JPEG。这与数码相机完全不同。

　　若要将中央凹与整个视野进行比较，请将手臂伸直并看着拇指。从手臂的长度观察拇指指甲，大致对应于中央凹（Ware，2008）。眼睛聚焦在拇指指甲上，视野中的其他一切都在中央凹之外。

　　在中央凹，正常视力的人拥有非常高的分辨率：他们可以分辨该区域内的数千个点，比当今许多便携数码相机的分辨率更高。在中央凹之外，从一臂远的地方看，分辨率已经下降到每英寸⊖几十个点。在视野边缘，我们视觉系统的"像素"从一臂远看像西瓜（或人头）一样大（见图 5.2）。

⊖　1in = 2.54cm。——编辑注

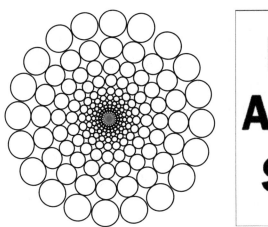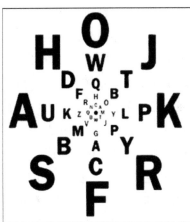

图5.2 视觉的分辨率在视野中心较高，但在视野边缘较低（右图来自 Vision Research，第 14 卷，1974 年，Elsevier）

尽管人眼的视杆细胞（约 1.25 亿）比视锥细胞（6 百万到 7 百万）多，但周边视觉的分辨率却远低于中央凹视觉。这是因为视杆细胞与视锥细胞分布区域并不相同。视锥细胞集中在中央凹（占视网膜面积的 1%），视杆细胞则分布在视网膜的其余部分（占视网膜面积的 99%）。一个视力正常的人，周边视觉的视力为 20/200，而在美国的法律中，这样视力的人被认为是盲人。想象一下：占据视野大部分的周边视觉在法律上被认定为失明。来看看大脑研究员 David Eagleman（2012, p.23）的描述：

> 周边视觉分辨率类似透过磨砂淋浴门看东西，但你却享受着看清周边的错觉……
> 无论你将目光投向何处，都似乎处于清晰的焦点中，因此你认为整个视觉世界都在焦点中。

人们可能想知道，如果周边视觉分辨率这么低，为什么我们看到的世界没有一种除了我们现在直接看到的东西之外，一切都没有聚焦的隧道视觉。相反，我们似乎能够敏锐又清晰地看到我们周围的一切。我们之所以产生这种错觉，是因为我们的眼睛在无意识的情况下，以每秒三次的频率快速移动，从而将中央凹集中在环境中选定的部分上。我们的大脑会根据我们所了解和期望的，以一种粗糙的、印象主义的方式填充其余部分⊖。它不必维持环境的高分辨率心智模型，因为我们的大脑会命令眼睛根据需要对环境中的细节进行采样和重新采样（Clark，1998）。

例如，当你阅读这篇文章时，眼睛会四处扫视和阅读。无论目光聚焦在页面的哪个位

⊖ 当视觉受到抑制时，我们的大脑会填补快速（扫视）眼球运动期间出现的知觉空白（见第 14 章）。

置，你都会认为自己能看到整页文本内容。

但是，请想象一下：你正看着计算机屏幕上的页面，此时计算机追踪你的眼球运动，知道你的中央凹聚焦在哪儿。计算机屏幕会在中央凹聚焦的页面区域显示正确的文本，页面其他区域则显示毫无意义的文本。当中央凹移动时，聚焦区域立即更新为正确文本，失焦区域则回到无意义的文本。令人惊讶的是，实验表明被试人员很少注意到这个变化：他们不仅会阅读，而且相信自己正在阅读一整页有意义的文本（Clark，1998）。然而，即使人们没有意识到这样的变化，它还是会降低人们的阅读速度（Larson，2004）。

Ninio 的灭绝幻觉也许最能证明周边视觉看不到像中央凹视觉那么多细节（见图 5.3）。试着数图中的点时，即使整个网格看起来都清晰地处于焦点中，但只有位于视野中心的点才可见。这表明我们感知到的高分辨率对象的周边视觉实际上是视觉系统人工构造的，它受大脑控制，填充了我们期望在这里出现的东西。

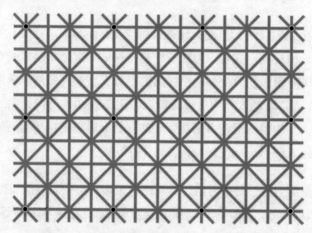

图 5.3　只能通过直视来看到点（*Ninio 的灭绝幻觉*）

视网膜视锥细胞集中分布在中央凹，离开中央凹则分布稀疏。这一事实不仅影响空间分辨率，还影响颜色分辨率，视野中心比视野边缘的颜色分辨率更好。

关于视野还有另一个有趣的事实，它有一个缝隙——一个我们看不见任何东西的小区域（盲点）。缝隙对应于我们视网膜上的视神经和血管离开眼睛后部的位置（见图 5.1）。这里没有视杆细胞或视锥细胞，所以刚好落入视野中盲点的物体我们是看不到的。我们通常不会注意到缝隙的存在，因为我们的大脑会自动为盲点补充上与背景匹配的信息，就像图形艺术家使用 Photoshop 通过复制附近的背景像素来覆盖照片上的瑕疵一样。

我们在凝视星星时，有时会遇到盲点。当你注视一颗星星时，附近的一颗星星可能会短暂地消失在盲点中，直到你转移视线。你还可以通过尝试图 5.4 的练习来发现盲点。有些人的缝隙是由视网膜缺陷、视网膜损伤或影响视觉皮层的脑卒中造成的[⊖]，但视神经缝隙是每个人都有的缺陷。

图 5.4   要"看到"视网膜缝隙，请遮住左眼，将这本书靠近你的脸，然后将右眼聚焦在 + 上。慢慢地把书移开，把注意力集中在 + 上，@ 会在某个时候消失

5.2   周边视觉有什么用

中央凹似乎在所有方面都比周边好。有人可能会疑惑，为什么我们还会有周边视觉，它到底有什么好处？我们的周边视觉具有三个重要的功能：引导中央凹朝向与目标匹配的对象；检测运动，并将中央凹引导到那里；使我们在黑暗中看得更清楚。

5.2.1   功能 1：引导中央凹朝向与目标匹配的对象

回忆一下第 1 章讲解的内容：我们的感知会因目标而出现偏差。周边视觉提供低分辨率线索来引导我们的眼球运动，以便中央凹访问视野中有趣和关键的部分。我们的眼睛不会随机扫描环境。它们移动的目的是将中央凹集中在重要的事物上，这些事物通常与我们的目标和可能的威胁相关。将周边视觉想象成我们视觉系统的"前方巡逻"对象，随时注意着重要的事情，并将它们报告给"中央指挥部"。因此，我们视野周边的模糊线索提供了数据，可以帮助我们的大脑计划将眼睛和注意力转移到哪里。

例如，当我们扫描药品标签上的"有效期"时，周边模糊的斑点和模糊的日期形式足以引起眼球运动，使中央凹落在那里让我们可以检查它。如果我们正在逛农产品市场寻找草莓，我们的眼睛和注意力会被视野周边的一个模糊的红色斑点吸引，尽管它是萝卜而不是草莓。如果我们听到附近有动物咆哮，眼角一个类似动物的模糊形状就足以让视线移动到那里，尤其是当这个形状向我们移动时。

如果我们听到附近有动物咆哮，我们眼角的一个模糊的类似动物的形状就足以将我们的眼睛拉向那个方向，尤其是当这个形状（见图 5.5）向我们移动时。如第 1 章所示，我们在屏幕上查看的位置取决于屏上的内容是否符合目标。

⊖   见 http://visualsimulations.com/。

图 5.5　当视野边缘的形状向我们移动时

在 5.6 节中，我们将进一步讨论周边视觉如何引导和增强中央凹视觉。

5.2.2　功能 2：检测运动

周边视觉的引导功能是它善于检测运动。任何在我们视觉周边移动的东西都可能会吸引我们的注意力，从而吸引我们的中央凹，即使是轻微的移动。这种现象产生的原因是我们的祖先（包括人类之前的祖先）需要能够成为发现食物和躲避捕食者的人。因此，尽管我们可以有意识地控制眼睛，但控制眼睛看向何处的一些机制是前意识的、非自愿的，而且速度非常快。

如果我们对周边的某一个地方没有预期能有任何有趣的东西，并且这个地方也没有任何东西引起我们的注意，会怎么样？我们的眼睛可能永远不会将中央凹移到那个地方，所以我们可能永远看不到那里的东西。

5.2.3　功能 3：使我们在黑暗中看得更清楚

周边视觉的第三个功能是让我们在弱光条件下也能看到东西。例如，在星光灿烂的夜晚、在洞穴中、在篝火旁等条件下，视觉得以进化。人类像地球上的其他动物一样，大部分时间都是在这种环境下度过的，直到在 19 世纪发明电灯泡。

正如视杆细胞在光线充足的条件下功能较差（见第 4 章）一样，视锥细胞在光线不足的情况下无法很好地发挥作用，因此视杆细胞占了上风。弱光条件下，只有视杆细胞发挥作用的视觉称为暗视觉。有趣的是，由于中央凹中没有视杆细胞，因此即使不直视物体，在弱光条件（例如昏暗的星光）下也可以看得更清楚。

5.3 计算机用户界面示例

周边视觉的低敏锐度解释了为什么软件和网站的用户无法注意到某些应用程序和网站中的错误消息。当用户点击按钮或链接时，通常它们的位置处在用户的中央凹。屏幕中，距离点击位置 1～2 厘米（假设以正常的距离观看计算机）以外的内容都属于分辨率较低的周边视觉。如果点击之后，周边视觉出现错误消息，用户没有注意到也就不足为奇了。

在 informaworld.com 网站，如果用户输入了错误的用户名或密码并点击了"登录"（SignIn），则会在远离用户焦点视线外的"消息栏"中出现一条错误消息（见图 5.6）。红色单词"Error"在用户的周边视觉中，可能会以红色的小斑点形式出现，这有助于吸引用户的视线。然而，红色斑点可能会落入用户的视野缝隙（盲点）中，根本不会被注意到。

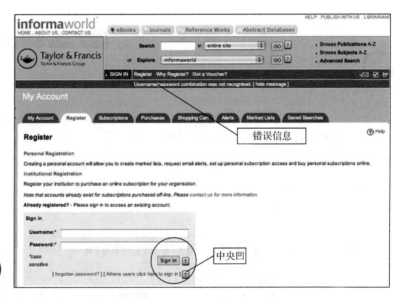

图 5.6　来自 informaworld.com（2010）网站的有关错误登录的错误消息出现在周边视觉中，大多数用户可能看不到它

Delta Airlines（2017）网站显示的警告信息同样容易被忽略（见图 5.7），客户有时会在航班值机的选座流程中遇到这种情况。用户的注意力几乎集中在屏幕右下方的 PREVIOUS FLIGHT/FIRST FLIGHT 按钮上。警告消息与用户注意的位置虽不像 informaworld.com 的警告消息那么远，但是它很小且不够突出。

让我们从用户的角度想象一下。用户输入用户名和密码，然后点击"登录"，输入框重新显示为空白字段，此时用户心里会纳闷："我明明填写了登录信息并点击了'登录'呀，难道按错按钮了吗？"用户重新输入用户名和密码并再次点击"登录"，输入框重新显示为空字段。现在，用户非常困惑，叹了口气，坐回椅子上，眼睛扫视着屏幕，突然注意到错误消息，说"啊！那个错误信息一直都在那里吗？"

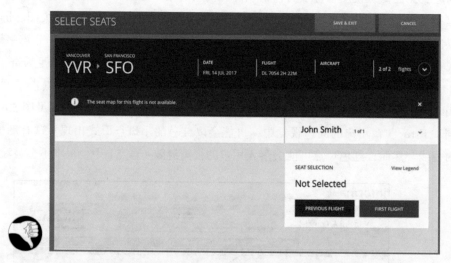

图 5.7　Delta.com（2017）上的错误消息，你能发现吗

即使错误消息比前面的示例更靠近用户视野的中心，其他因素也会降低其可见性。例如，大约在 2003 年到 2008 年[⊖]，Airborne Express（现在是 DHL 的一部分）的网站通过在登录 ID 字段上方显示红色错误消息来提示登录失败（见图 5.8）。错误消息是红色的，并且非常靠近用户的眼睛和注意力会关注的"登录"按钮。你能想出用户看不到的原因吗？

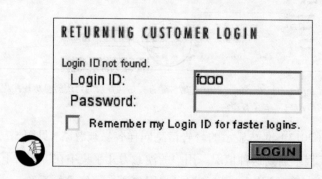

图 5.8　为什么这条关于无效登录的错误消息离"登录"按钮不远还是很容易被忽略

第一个原因是，错误消息仍然处在周边视觉中，而非中央凹。中央凹很小：假设用户

⊖　虽然这个例子很老了，但它仍然是这个问题最好的例子。

与屏幕的距离正常，中央凹在计算机屏幕上只有一两厘米。

第二个原因是，错误消息并非页面顶部唯一的红色内容，页面标题也是红色的。周边

视觉的分辨率非常低，当错误消息出现时，用户的周边视觉可能没有发现任何变化，之前那里有一个红色斑点，而随着错误消息的出现，这个斑点仍然存在（见图 5.9）。

如果页面标题是黑色或除红色之外的其他颜色，则红色错误消息更容易被注意到，尽管它处在用户视野的周边。

图 5.9　模拟用户中央凹固定在"登录"按钮上时的视野

5.4　使消息可见的常用方法

以下几种常见的方法可以确保用户看到错误消息：

- **放在用户阅读的地方**。当与图形用户界面交互时，人们关注可预料的位置。在西方社会，人们倾向于从左上角到右下角阅读表单和控制面板。当移动屏幕指针时，人们通常会看指针所在的位置或将其移动到的位置。当人们点击一个按钮或链接时，可以假设他们在当前的一段时间内会注视着它。设计师可以使用这种可预测性来将错误消息放在希望用户看到的位置附近。

- **标记错误**。将错误消息以某种方式明显地标记出来，让用户清楚地知道出现了问题。通常简单地将错误消息放在所指错误的附近即可，除非这会使消息离用户正在注视的地方太远。

- **使用错误符号**。使用符号标记错误可以使错误或错误消息更明显。这类符号包括 ⚠、⚠、❶ 或 ✖。

- **使用红色表示错误**。按照惯例，交互式计算机系统使用红色来表示警报、危险、错误等。除此之外，在计算机显示屏上使用红色都存在被误解的风险。但是，假设你正在为校色是红色的斯坦福大学设计一个网站，你会怎么做？答案是用另一种颜色表示错误，用错误符号标记它们，或者使用更突出的方法（见下一节）。

最近的 Taylor & Francis 登录错误提示使用了其中的几种方法（见图 5.10）。将其与早期的网站（见图 5.6）进行比较。错误消息和错误符号使用更大、更粗的字体会更好一些，但它比 2010 年的网站要好得多。

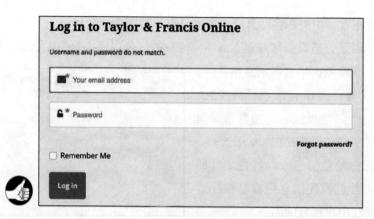

图 5.10　最近的 Taylor & Francis（2020）网站中，错误登录的错误消息显示在用户目光所指位置附近，并且错误消息和登录字段都用红色突出显示（与图 5.6 相比）

　　Salesforce.com 的移动应用程序以一种不易被忽略的方式显示错误消息（见图 5.11）。错误消息显示在屏幕中间，同时使用错误符号与红色。

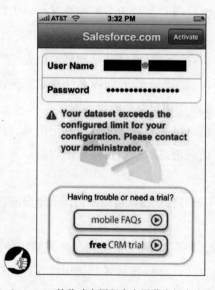

图 5.11　Salesforce.com 的移动应用程序在屏幕中间突出显示错误消息

5.5　让用户注意到通知消息的重磅炸弹方法

　　如果常规方法还不能让用户注意到通知消息，用户界面设计师可以使用三种更强的方法：

错误对话框中的弹窗、提示音（例如哔哔声）、短暂摆动或闪烁。这些方法虽然非常有效，但也有显著的负面影响，因此应谨慎使用。

5.5.1 方法 1：错误对话框中的弹窗

在对话框中显示一条错误消息就像把它贴在用户的脸上一样，让人无法忽视。错误对话框会打断用户的工作并立即引起注意。如果错误消息表示严重的情况倒还好，如果表示的是次要消息（例如用户操作的确认）则可能会惹恼用户。

弹窗消息的干扰随着模态的程度的增加而增加。**非模态弹窗**可以让用户忽略它们并继续工作。**应用程序模态弹窗**会阻止用户对该应用程序的操作，但允许与计算机上的其他软件进行交互。**系统模态弹窗**会阻止所有用户操作，直到对话框消失。

应谨慎使用应用程序模态弹窗，例如仅在用户不注意错误提示可能导致应用程序数据丢失时使用。系统模态弹窗应极少使用，基本上只有在系统即将崩溃，会让数小时的工作付诸东流，或者用户错过错误消息会导致人员死亡时才使用。

在网页上避免弹出错误对话框的另一个原因是，有些人将他们的浏览器设置为阻止所有弹窗。如果网站的错误消息依赖于弹窗，用户可能永远不会看到它们。

REI.com 有一个显示错误消息的弹出对话框示例。如果新用户在注册时在表单中省略必填字段，将显示弹窗消息（见图 5.12）。这是对弹出对话框的适当使用吗？改进后的 Taylor & Francis 错误消息提示（见图 5.10）表明，数据输入错误可以在没有弹窗的情况下良好地传达。因此，REI.com 的弹窗似乎有点笨拙。

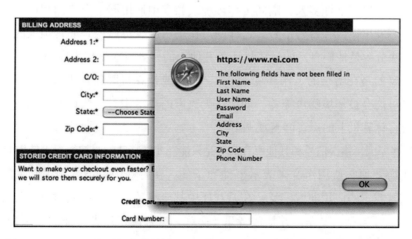

图 5.12　REI.com 弹出对话框提示遗漏了必要数据，它很明显，但也许有点矫枉过正了

　　Microsoft Excel（见图 5.13a）和 Adobe InDesign（见图 5.13b）更恰当地使用了错误对话框，在这两种情况下，数据丢失都是危险的。

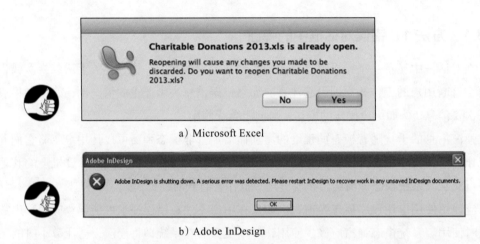

a）Microsoft Excel

b）Adobe InDesign

图 5.13　恰当地使用了弹出错误对话框

5.5.2　方法 2：提示音

　　当计算机发出哔哔声时，它其实在告诉用户发生了需要注意的事情。人的眼睛会反射性地开始扫描屏幕，寻找引起哔哔声的原因。这可以让用户在他们刚刚查看的地方以外的地方（例如在显示器上的标准错误消息框中）注意到错误消息。这就是哔哔声的作用。

　　但是，请想象一下许多人在隔间工作环境或教室中使用同一个应用程序，该应用程序会通过哔哔声发出错误和警告信号。这样的工作场所至少可以说是非常烦人的。更糟糕的是，人们无法分辨是他们自己的计算机还是其他人的计算机在发出哔哔声。

　　与之相反的是在嘈杂的工作环境（例如，工厂或计算机服务器机房）中应用程序发出的听觉信号可能会被环境噪声掩盖。即使在无噪声的环境中，一些计算机用户也更喜欢安静，通常会将计算机上的声音静音或调低。

　　由于这些原因，错误信号和其他声音信号是只能在非常特殊的受控情况下使用的补救措施。

　　计算机游戏通常使用声音来表示事件和条件。在游戏中，声音是很常见的，并不烦人。声音在游戏中的应用非常广泛，在游戏厅中甚至有数十台机器同时发出砰砰声、咆哮声、嗡嗡声、叮当声、哔哔声并播放音乐（这对父母来说很烦人。他们必须走进游乐场，忍受所有尖叫声和隆隆声才能找回孩子，但游戏并不是为他们设计的）。

5.5.3　方法 3：短暂摆动或闪烁

如前所述，周边视觉擅长检测运动，而周边的运动会引起反射性眼球运动，从而将运动带入中央凹。用户界面设计师可以利用这一点，在想要确保用户看到消息时短暂地摆动或闪烁消息。只需要轻微运动即可让用户的眼睛朝向运动方向。数百万年的进化对此产生了相当大的影响。

以下是一个使用动效吸引用户眼球注意力的例子：当用户输入无效的用户名或密码时，Apple 的 iCloud 在线服务会短暂地横向摇动整个对话框（见图 5.14）。除了明确表示"否"（如人摇头）还保证了吸引用户的眼球。因为毕竟眼角看到的可能是一只豹子在运动。

闪烁在计算机用户界面（广告除外）中最常见的用途是在菜单栏中。当从菜单中选择一个操作（例如编辑或复制）时，它通常会在菜单关闭前闪烁一次，以确认系统"得到"命令，这表示用户没有错过菜单项。这种闪烁用法很常见。它是如此之快，以至于大多数计算机用户甚至都没有意识到它，但如果菜单项没有闪烁，我们就不太相信我们真的选择了它们。

像弹出对话框和哔哔声一样，必须谨慎使用摆动和闪烁。有计算机使用经验的用户通常认为屏幕上摆动、闪烁的物体很烦人。我们大多数人都学会了忽略界面中闪烁的物体，因为许多此类闪烁都是广告。相反，少数计算机用户有注意力障碍，他们很难忽视闪烁或摆动的物体。

因此，如果使用摆动或闪烁，应该短暂而非长时间地使用，持续大约四分之一秒到半秒为宜。否则，它很快就会从无意识地吸引注意力变成有意识的烦恼。

图 5.14　Apple 的 iCloud 会在登录错误时短暂摇动对话框，以吸引用户的中央凹

5.5.4 谨慎使用重磅炸弹方法，避免让用户习惯

最后一个理由是谨慎使用上述重磅炸弹方法（即仅针对关键消息使用），避免让用户习惯。当过于频繁地使用弹窗、提示音、摆动和闪烁来吸引用户的注意力时，一种称为习惯性的心理现象就会出现（见第 1 章），我们的大脑会越来越不注意频繁出现的刺激。

这就像那个故事里频繁叫着"狼来了！"的男孩。最终，村民们学会了无视他的呼喊，所以当狼真的来了时，他的呼喊也无人理会。过度使用吸引注意力的方法会导致重要信息因习惯性而受阻。

5.6 视觉搜索是线性的，除非目标在周边视觉中突然"弹出"

如前所述，周边视觉的一个功能是促使眼睛将中央凹聚焦在那些符合目标或可能构成威胁的事物上。例如，如果眼角有一个移动的物体，周边视觉会将眼睛和注意力"拉"向它们。同样，与当前目标相关的模糊图像也会吸引我们的注意力。这就是感知（这种情况下的感知是视觉感知）受目标影响的原因（见第 1 章）。

周边视觉是视觉搜索的重要组成部分，尽管它的空间和颜色分辨率较低。当我们寻找一个物体时，整个视觉系统（包括周边视觉）都会准备好检测该物体。它通过使从视网膜到大脑视觉皮层的神经网络敏感化来实现。神经网络对探测目标特征敏感（Treisman & Gelade，1980；Wolfe，1994；Wolfe & Gray，2007）。

然而，周边视觉对视觉搜索的帮助程度很大程度上取决于所搜索对象的识别特征，以及这些特征与视野中其他物体的特征有多大区别。快速查看图 5.15 并找到 Z。

要找到 Z，必须仔细扫描各字符，直到中央凹落在 Z 上面。用视觉研究人员的行话来说，找到 Z 的时间是线性的：它近似线性地取决于干扰字符的数量和 Z 的位置。为什么？定义字母 Z 的形状的特征是垂直线和对角线，这个特征无法将其与周围的字母区分开来，因此周边视觉无法发现它。只有当中央凹落在上面时，才能找到它。用设计师的行话来说，字母形状不会在周边视觉中"突然出现"（简称"弹出"）。

现在请快速查看图 5.16 并找到粗体字符。

找到粗体字符是不是更容易？你不必扫描并仔细阅读所有字符。周边视觉会迅速检测粗体并确定它的位置，因为这正是你的目标，视觉系统会立马将中央凹移到那里。周边视觉无法准确确定什么是粗体，这超出了它的分辨率和能力，但是它确实找到了粗体字符。用视觉研究人员的行话来说，周边视觉已经准备好在整个区域平行地寻找粗体字符，粗体

是目标的显著特征，因此搜索粗体目标是非线性的。用设计师的行话来说，假设只有目标是粗体，那粗体就会在周边视觉中"弹出"。

```
L Q R B T J P L F B M R W S          G T H U J L U 9 J V Y I A
F R N Q  S P D C H K U T              L Q R B T J P L F B M R W S
 G T H U J L U 9 J V Y I A            3 L C T V B H U S E M U K
E X C F T Y N H T D O L L 8           F R N Q  S P D C H K U T
G V N G R Y J G Z S T 6 S             W Q E L F G H B Y I K D 9
3 L C T V B H U S E M U K             G V N **G** R Y J G Z S T 6 S
W Q E L F G H U Y I K D 9             E X C F T Y N H T D O L L 8
```

图 5.15 找到 Z 需要仔细扫描各字符   图 5.16 找到粗体字符不需要扫描所有字符

颜色的"弹出"效果更加明显。比较图 5.17 中 L 的个数与图 5.18 中红色字符的个数。

还有什么能让事物在周边视觉中"弹出"？如前所述，周边视觉很容易检测到运动，因此运动可以"弹出"。

```
L Q R B T J P L F B M R W S          W Q E L F G H U Y I K D 9
F R N Q  S P D C H K U T              F R N Q  S P D C H K U T
 G T H U J L U 9 J V Y I A            3 L C T V B H U S E M U K
E X C F T Y N H T D O L L 8           G T H U J L U 9 J V Y I A
3 L C T V B H U S E M U K             L Q R B T J P L F B M R W S
G V N G R Y J G Z S T 6 S             E X C F T Y N H T D O L L 8
W Q E L F G H U Y I K D 9             G V N G R Y J G Z S T 6 S
```

图 5.17 计算 L 的个数很难，因为字母形状   图 5.18 计算红色字符的个数很容易，
不会在字符中"弹出"   因为颜色会"弹出"

从粗体示例概括起来，我们也可以说字体粗细可以"弹出"，因为如果显示器上只有一个字符是非粗体，那么非粗体字符就会脱颖而出。通常，如果低分辨率周边视觉可以检测到目标的特征与周围物体不同，则目标会在周边视觉中"弹出"。假设周边视觉可以检测到这些特征，那么目标的特征越独特，它越容易"弹出"。

5.6.1 在设计中使用周边"弹出"

设计师使用周边"弹出"来吸引产品用户的注意力，并让用户更快地找到信息。第 3 章描述了视觉层次结构（标题、粗体、项目符号和缩进）如何使用户轻松从文本中发现和提取所需的信息。回顾一下图 3.7b，看看标题和项目符号如何使主题和副主题"弹出"，

以便读者可以将目光直接转向它们。

许多交互系统使用颜色来表示状态，通常用红色表示出现了问题。在线地图和大多数车载 GPS 设备将交通拥堵标记为红色，用于突出显示拥堵路段（见图 5.19）。空中交通管制系统用红色标记潜在碰撞（见图 5.20）。监控服务器和网络的应用程序使用颜色来显示资产或资产组的健康状况（见图 5.21）。这些都是使用周边"弹出"来突出重要信息并实现非线性视觉搜索的例子。

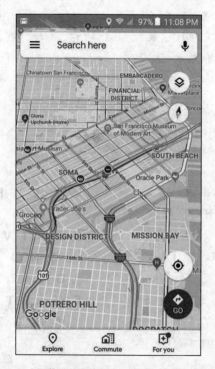

图 5.19　Google 地图使用颜色来显示交通状况，用红色表示交通拥堵

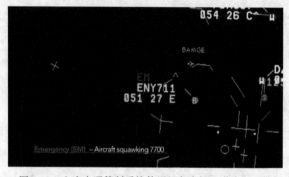

图 5.20　空中交通管制系统使用红色来标记潜在的碰撞

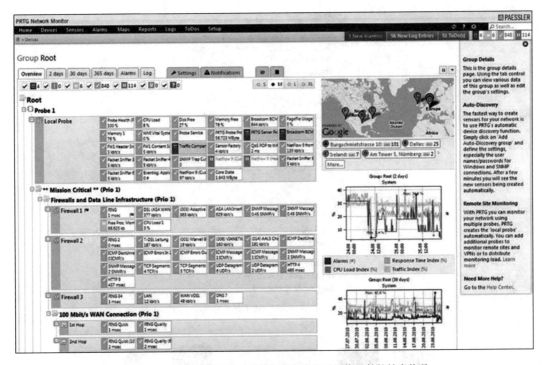

图 5.21　Paessler 的监控工具使用颜色来显示网络组件的健康状况

5.6.2　当有许多可能的目标时

有时在包含许多项目的界面中，其中任何一个项目都可能是用户想要的。示例包括命令菜单（见图 5.22a）和应用程序托盘（见图 5.22b）。我们假设应用程序无法预测用户可能想要哪些项目并突出显示它们。对于今天的应用程序来说，这是一个合理的假设[⊖]。用户是否注定要在此类显示中线性搜索他们想要的项目？

这得看情况。设计师可以让每个项目都与众不同，这样，当用户的目标是某个特定的项目时，用户的周边视觉会从所有其他项目中发现它。设计与众不同的图标不容易，特别是当图标数量很多时，但这是可以做到的（Johnson et al., 1989）。例如，如果用户去 MacOS 应用程序托盘打开日历，边缘的白色矩形斑点和中间的黑色物体比蓝色圆形斑点更容易吸引用户的视线（见图 5.22b）。诀窍是不要使图标过于花哨和精细，给每个图标赋予一种独特的颜色和简洁的形状。

⊖　但在不久的将来，情况可能不会如此。

a）Microsoft Word 工具菜单

b）macOS 应用程序托盘

图 5.22　*Microsoft Word 工具菜单和 macOS 应用程序托盘*

如果潜在目标都是单词，如在命令菜单（见图 5.22a）中那样，则视觉独特性就不再适用了。在文本菜单和列表中，在一开始时，视觉搜索是线性的。通过实践，用户可以了解经常使用的项目在菜单、列表和托盘中的位置，搜索特定项目就不再是线性的。

这就是应用程序不应该在菜单、列表或托盘中随意移动项目位置的原因。这样做会阻止用户了解项目位置，从而注定他们永远只能进行线性搜索。因此，"动态菜单"的使用是用户界面设计的一大错误（Johnson，2007）。

5.7 重要小结

■ 与数码相机不同，人类视觉的分辨率在视野中间的一个小区域要比在其他任何地方都高。这个小区域叫作中央凹，它只占视野的 1%。除此之外的周边视觉分辨率很低。

■ 周边视觉引导我们的眼睛和注意力转向匹配的目标或代表潜在威胁的物体和事件。周边视觉可以检测运动，并倾向于将眼睛移向任何正在运动的物体，即使它无法识别正在运动的东西。

■ 在光线较暗的情况下，周边视觉工作良好。

■ 有些视觉特征可以在周边视觉中"弹出"，而有些则不能。字体粗细可以"弹出"，颜色可以"弹出"，运动可以"弹出"，字母形状不能"弹出"。

■ 根据周边视觉的优势和劣势进行设计：

● 将新的、重要的或更改的信息放在用户将要查看的位置（在中央凹所在的位置或附近）。放在别处的信息可能不会被注意到。

● 使用颜色、运动、独特的形状等使重要信息在周边视觉中"弹出"，以吸引用户的中央凹和注意力。红色通常用来引起用户对错误消息的注意。

● 过度使用刺激会导致人们习惯于它，从而削弱其吸引注意力的能力。弹出式消息原则上可以迫使用户注意到它们，但它们经常被过度使用，因此许多有经验的数字产品用户已经学会忽略它们。

● 声音可以吸引用户的注意力，但也可能令用户厌烦，尤其是在与他人共享的环境中。

第 6 章

CHAPTER

阅读不是自然的

工业化国家的大多数人都是在提倡教育和阅读的家庭与学校环境下长大的。他们在孩童时期便学习阅读，并在青春期成为优秀的读者。作为成年人，我们日常生活中的大部分活动都会涉及阅读。对大多数受过教育的成年人来说，阅读是自动的，我们的头脑在有意识地思考所阅读内容的意义和内涵。在此背景下，优秀的读者通常会认为阅读是一项"自然的"人类活动，就像说话一样。

6.1　大脑天生是为语言而非阅读设计的

说话和理解口语是人类天生的能力，但阅读不是。经过数十万甚至数百万年的时间，人类大脑进化出了支持口语的神经结构。普通人生来就有学习能力，无须系统训练，也不论接触到了何种语言。在幼童时期之后，这个能力就会明显下降。例如，新生婴儿可以听见和辨别所有语言的声音，但随着学习所处家庭环境的语言，他们就会失去能够辨别在该语言中并不明显的声音的能力（Eagleman，2015）。到了青春期，学习新语言和学习其他技能是一样的：需要指导和练习，而且针对学习和处理的大脑区域和幼童时期不同（Sousa，2005）。

相比之下，写作和阅读在公元前几千年已出现，但直到公元前四五世纪才变得普遍起来，其远在人类大脑进化成现代状态之后。在童年时期，我们的大脑从未显示出任何特殊的先天能力来学习阅读。相反，阅读是一个人工技能，我们需要通过系统指导和练习来学习，就像学习拉小提琴、耍杂技或者读乐谱一样（Sousa，2005）。

6.1.1　许多人从未或根本没有学好阅读

由于人们并不具备生来就会学习阅读的"天赋"，如果没有接收到照顾他们的人的阅读指导或在学校接受的阅读引导不足，儿童可能永远学不会阅读。有很多这样的人，尤其在一些发展中国家。相比之下，很少有人从未学习过口语。

有些人即便学习了阅读，也从未学好过。也许他们的父母并不看重或推崇阅读这件事；也许他们读的学校不够合格或是他们根本没有上过学；也许他们学习了第二门语言，但从来没有学习用那门语言好好阅读。有认知或感知障碍（如阅读障碍）的人群可能永远无法轻松阅读。

一个人的阅读能力是特定于一门语言和一种文字（一套书写系统）的。若想理解对不识字人而言，文字看起来是什么样的，可以看看用一种你不知道的语言和文字印刷出来的文本段落（见图 6.1）。

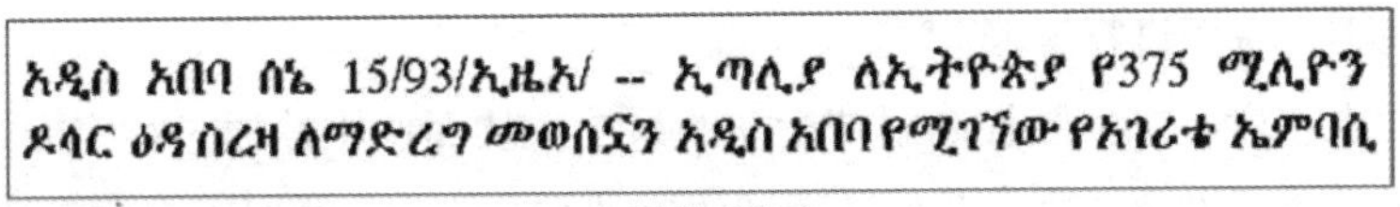

a）阿姆哈拉文

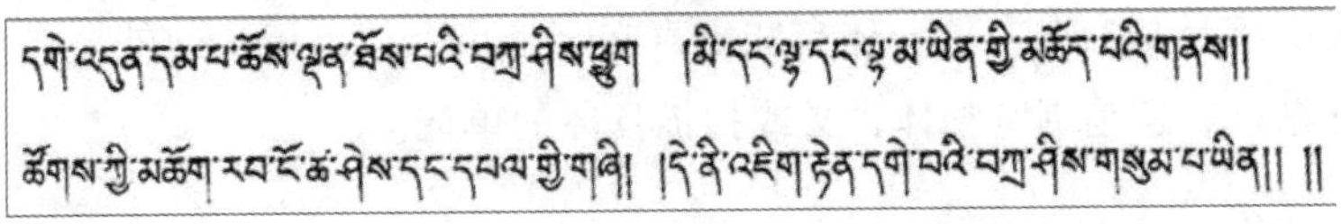

b）藏文

图 6.1　想要体验不识字的感觉，请看用非汉语字体印刷的文字

另外，你还可以通过将一篇用熟悉的文字和语言写的文章倒过来，以此体验接近文盲的感觉。把这本书倒过来，尝试阅读几个段落。这个练习仅仅用于近似体验文盲的感觉。你将会发现颠倒的文字一开始很陌生且难以辨认，但一分钟后你就能阅读它了，虽然很缓慢，也很费劲。

6.1.2　学习阅读等于训练视觉系统

学习阅读包括训练视觉系统来识别模式，即文本呈现的模式。这些模式的范围很广，从低到高都有：

- 线条、轮廓和形状是我们的大脑天生即可识别的基本视觉特征。我们无须学习识别它们。
- 基本特征组合起来形成模式，我们需要学习它们并将之识别为字符（字母、数字和其他标准符号）。在像中文一样的表意文字中，符号象征着整个文字或概念。
- 在字母文字中，字符的模式形成语素，即我们学习将其识别为小块的意义组合，例如，"farm" "-ed" 以及 "-ing" 就是英文中的语素。
- 语素组合起来形成的模式被我们识别为单词，例如，"farm" "tax" "-ed" 和 "-ing" 能组合起来形成单词 "farm" "farmed" "farming" "tax" "taxed" 和 "taxing"。
- 单词组合起来形成的模式被我们学习并识别为短语、习惯用语和句子。
- 句子进一步组合形成段落。

事实上，我们的视觉系统只有部分被训练用于识别文字模式：中央凹和紧邻其的一小块区域（被称作周边中央凹），以及穿过视神经抵达视觉皮层并进入大脑各个地方的下游神经网络。而我们视网膜内从其他地方开始的神经网络没有被训练获得阅读能力。这方面的更多内容将在本章后面进行解释。

学习阅读也包含训练大脑控制眼球运动的系统，从而使眼球通过特定方式在文字上移动。眼球移动的主要方向取决于我们所阅读语言的书写方向：欧洲语言文字是从左向右读，许多中东语言文字是从右向左读，还有些语言文字是从上往下读。此外，眼球运动的精确性取决于是在精读、还是浏览整体含义或扫描具体的单词。

6.1.3　我们是如何阅读的

假设我们的视觉系统和大脑已被成功地训练，阅读就变成了半自动或者完全自动化的事——包括眼球运动和处理。

正如之前解释的，视野的中心——中央凹和周边中央凹——是唯一被训练过阅读能力的部分。我们所阅读的所有文字经过中间区域扫描后进入视觉系统，这意味着阅读涉及大量的眼球运动。

正如第 5 章关于周边视觉的讨论中所解释的一样，我们的眼睛会不停地"跳来跳去"，以每秒几次的频率。每一次运动被称为眼跳（saccade），大概持续 0.1 秒。眼跳是发射式的，就像是从大炮发射出一个炮弹。其终点在触发时就已确定，一旦触发，它们总会执行完。如前所述，眼球运动的目的地是由大脑将目标、视觉周边事件、其他知觉感官定位和探测到的事件，以及包括训练在内的过去发生的历史相结合，编码而成的。

阅读时，我们可能会感觉眼睛在字里行间平滑地扫过，但这种感觉是不正确的。实际上，我们的眼睛在阅读期间会持续进行眼跳，但这些动作一般会跟随文字的线路。它们把我们的中央凹固定在一个单词上，使之在那里停顿几分之一秒，从而使基本的模式能被捕捉并传送给大脑做更进一步的分析，然后再跳到下一个重要的单词上（Larson，2004）。阅读期间，眼睛总会固定落在单词上，通常都临近中心位置，绝不会落到单词边缘（见图 6.2）。极其常见的小连接词或者功能词，如"a""and""the""or""is"和"but"一般会被跳过，它们的存在要么被周边中央凹探测到，要么被简单地假设罢了。阅读时大部分的眼跳都沿文字常规的阅读方向，但有少部分——大概 1%——会回跳到之前的单词上。在每行文字的末尾，会跳至大脑推测的下一行起始位置[⊖]。

图 6.2 阅读过程中扫视的眼球运动会在重要单词之间跳跃

在阅读过程中，每次眼睛在注视期间能吸收多少内容？若在常规阅读距离及字体大小下阅读欧洲语言文字，中央凹能在注视点的两侧清晰地看到 3～4 个字符。周边中央凹能从注视点看到大概 15～20 个字符，但不是特别清晰（见图 6.3）。阅读研究者 Kevin Larson（2004）指出，中央凹内和周边的阅读区由三个不同的区域组成（对于欧洲语言文字而言）：

最靠近注视点的位置是单词识别生效之处。这个区域通常大到能够捕捉到所注视的单词，也常包括直接位于所注视单词右侧更小的功能词。下一个区域包含单词识别区之外的几个字母，读者会在这个区域内收集一些关于后续字母的初步信息。最后一个区域包含注视点外的 15 个字母。到目前为止收集到的信息会被用于识别即将出现的单词长度，并确定下一个注视点的最佳位置。

⊖ 稍后我们会看到，居中对齐的文字会干扰大脑对下一行文字起始位置的猜测。

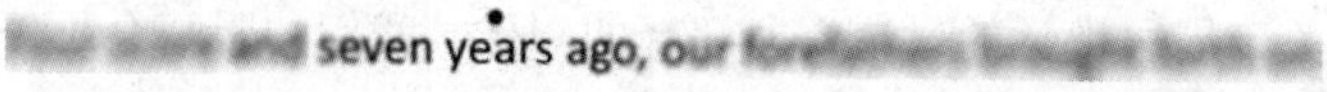

图 6.3　在一行文字中，当中央凹固定在单词 years 上时，其他单词的可见度

由于视觉系统阅读的训练方式，注视点周边的感知并不对称。它对阅读方向的字符更敏感。对于欧洲语言文字而言，其方向是朝向右侧的。这之所以能够说得通，是因为注视点左侧的字符通常已经被读过了。

6.2　阅读是由特征驱动的还是由语境驱动的

如前所述，阅读涉及识别特征和模式。模式识别可被视为一个自下而上、特征驱动的过程，也可以被视为一个自上而下、语境驱动的过程。因而，阅读也是如此。

在特征驱动的阅读过程中，视觉系统首先从页面或显示屏上识别简单的特征（如特定方向的线段或特定半径的曲线），然后将它们组合成更复杂的特征（如夹角、多重曲线、形状和图案等）。然后，大脑将特定形状识别为字符或符号，它们通常代表字母、数字或文字里的表意词汇。在字母文字中，字母组被感知为语素和单词。在所有类型的文字中，单词序列被解析成具有含义的短语、句子和段落。

特征驱动的阅读有时被称为"自下而上"或"无语境的"阅读。大脑天生便具有识别线条、边缘、角度等基本特征的能力。相比之下，识别语素、单词和短语必须通过学习。它起初是一个非自动化的需要有意识地分析字母、语素和单词的过程，但通过足够的训练，它就会变得自动化（Sousa，2005）。显然，语素、单词或短语越常见，它的识别就会越自动化。像中文这种表意文字或象形文字，它们拥有比字母文字多很多的符号，因此人们往往需要很多年的时间才能成为熟练的读者。

语境驱动或自上而下的阅读与特征驱动的阅读并行运作，但它们的工作方式相反，对于语境驱动的阅读，需要从整个句子或段落的主旨落到单词和字符。视觉系统首先识别高级的模式，例如单词、短语和句子，或者预先知道文字的含义。然后，它利用这些知识来推断或猜测高级模式的必要低级成分（Boulton，2009）。由于大多数短语层级和句子层级的模式与语境不会高频出现，以至于无法让其识别及编码进入神经放电模式中，因此语境驱动的阅读不太可能完全自动化。但也有例外，比如一些习惯用语。

为了体验语境驱动的阅读，请快速瞥一眼图 6.4，然后立即将视线转回到这里，阅读完本段。现在就试试。文字说了什么？

> # The rain in Spain falls manly in the the plain

图 6.4 自上而下对表述句子的识别会阻碍对实际文字的理解

现在仔细再看同一句话。你现在读到的和之前相同吗？

同样，基于我们已经读过的和对于世界的知识的理解，我们的大脑有时能预测到中央凹还没读的文字或含义，这使我们能略读。例如，假设在一页的末尾我们读到"它是昏暗且充斥着暴风雨"，那么我们预计下一页的第一个词为"夜晚"。如果发现它是另一个词（例如"牛"），我们就会感到很惊讶。

特征驱动、自下而上的阅读为主，语境驱动、自上而下的阅读为辅

几十年来，人们已经知道阅读包括特征驱动（自下而上）和语境驱动（自上而下）两种处理机制。除了能够通过分析句子中的字母和单词来判断句子的含义外，人们还可以通过理解句子的含义来确定句子中的单词，或通过理解单词来确定单词中的字母（见图 6.5）。这里的问题是：熟练的阅读主要是自下而上还是自上而下的，或者两种模式都不占主导地位？

> Mray had a Itilte Imab, its feclee was withe as sown. And ervey wehre taht Mray wnet, the Imab was srue to go.

a) 使单词除了首尾字母以外都被打乱顺序

> Twinkle, twinkle little star, how I wonder what you are

b) 使单词大部分被遮挡

图 6.5 自上而下的阅读：大多数读者，特别是那些熟悉这些文本段落取自的歌曲的人都能够正确阅读

从 19 世纪末到 20 世纪 80 年代左右的早期阅读科学研究似乎表明，人们首先识别单词，然后据此确定有哪些字母。从这些发现中得出的阅读理论是，视觉系统主要通过整体形状来识别单词。虽然这一理论未能解释某些特定实验结果，在研究人员中引起了争议，但它在非研究人员中还是得到了广泛的接纳，尤其在图形设计领域（Larson，2004；Herrmann，2011）。

同样，20 世纪 70 年代的教育研究者将信息理论应用于阅读，并认为由于书面语言中存在冗余性，自上而下、语境驱动的阅读比自下而上、特征驱动的阅读速度更快。这一假设使他们推测，对于高度熟练的（快速的）读者而言，阅读是语境驱动（自上而下）处理所主导的。这一理论可能是 20 世纪 70 年代和 80 年代许多速读方法的根据，据说这些方法通过一次性吸收整个短语和句子的方式训练人们进行速读。

然而，此后对读者进行的实证研究已明确证明早期的那些理论都是错误的。阅读研究人员 Kevin Larson（2004）和 Keith Stanovich（Boulton，2009）总结了这些研究结果：

单词形状不再是识别单词的可行模型。大部分科学证据表明，我们先识别单词的组成字母，然后通过这一视觉信息来识别单词。

语境很重要，但它对没有形成自动化语境识别能力的读者来说，是更重要的辅助工具。

换句话说，阅读主要由无语境、自下而上、特征驱动的过程组成。对于熟练的读者而言，这些过程已经被很好地学习并自动化了。如今，语境驱动的阅读被视作一种备用方式，虽然它与特征驱动的阅读可以并行运作，但只有在特征驱动的阅读难以进行或不够自动化时才有意义。

当特征驱动的阅读被低质量的信息展示干扰时（请参见本章后面的示例），熟练的读者可能会转而采用基于语境的阅读方式。此外，在这两种阅读方式对文字进行译解的竞争中，语境提示有时会胜出。例如，美国人在访问英国时有时会将 "to let" 标识误识为 "toilet"，因为在美国他们经常看到 "toilet" 这个词，但他们几乎从未看到过 "to let" 这个短语（美国人使用的是 "for rent"）。

对于不熟练的读者来说，基于特征的阅读无法自动化，需要有意识且花费力气地进行。因此，他们的阅读都会基于语境。他们无意识地使用基于语境的阅读且非自动化地使用基于特征的阅读，这会消耗短期认知能力，理解精力就会所剩无几[⊖]。他们不得不集中精力去解析单词流，没有精力再构建对句子和段落的含义。这就是不熟练的读者可以朗读一段文字，但之后他们并不知道刚刚读了什么的原因。

为什么有些成年人无法自动化地进行无语境（自下而上）的阅读呢？其中一个原因是缺乏练习：一些人在幼年时期没有获得足够的阅读经验，无法使基于特征的识别过程自动

⊖ 第 10 章描述了自动化和受控的认知处理之间的差异。在这里，我们先简单地说一下，受控过程会加重工作记忆的负担，而自动化过程则不会。

化。当他们长大后，又发现阅读带来的精神消耗很大，所以他们会避免阅读，这导致他们的阅读缺陷被延续和加剧（Boulton，2009）。

6.3　熟练和不熟练的阅读利用大脑的不同部位

在 20 世纪 80 年代前，想要了解语言和阅读由大脑的哪些部位参与，研究者主要局限于研究那些遭受过大脑损伤的人。例如，在 19 世纪中期，有医生发现那些左太阳穴附近（现在被称为布洛卡区，以发现它的医生的名字命名）存在大脑损伤的人能够听懂语音但难以开口说话；而那些左耳附近（现在被称为威尔尼克区）存在大脑损伤的人无法理解听到的语音（Sousa，2005）（见图 6.6）。

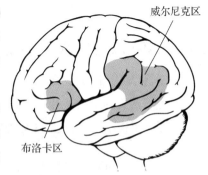

图 6.6　人类大脑——展示了布洛卡区和威尔尼克区

近几十年来，出现了一些观察活人大脑功能运作的新方法，包括脑电图、功能性磁共振成像和功能性磁共振波谱成像。这些方法允许研究者观察人在感知各种刺激或执行特定任务时，大脑不同区域的反应，包括反应的顺序（Minnery & Fine，2009）。

利用这些方法，研究者发现，对于不熟练和熟练的读者而言，他们阅读时涉及的神经通路有所不同。当然，无论阅读能力如何，在阅读时最先响应的区域都是位于大脑后部的枕叶（或视觉）皮层。在此之后，神经通路便开始出现分叉了（Sousa，2005）：

- **不熟练读者**。首先，位于威尔尼克区上方和后方的一个大脑区域变得活跃。研究者已经将其视为单词被"发音"和组合的区域（至少在像英语和德语这类字母文字中）——字母可被分析并可匹配到它们对应的声音上。随后，单词分析区域与布洛卡区及大脑额叶通信，后者用于词素和单词（意义单位）的识别并提取整体意义。对于表意文字而言，符号代表了整个单词，并且常常还有一个与其含义对应的图形，读出单词便不是阅读的一部分。

- **熟练读者**。单词分析区域被跳过了。相反，枕颞区（位于耳朵后面，离视觉皮层不远）开始活跃。主流观点是这个区域可以识别单词而不需要拼读，随即这一活动会激活通向大脑前部的通路，这些通路与单词含义和心理意象相对应。布洛卡区仅略微参与。

当然，脑部扫描方法的结果并不能准确显示所使用的过程，但它们支持这样一个理论：熟练读者使用与不熟练读者不同的阅读过程。

6.4 糟糕的信息设计会扰乱阅读

粗心大意的写作或文字展示会弱化熟练读者的自动化、无语境的阅读，强化有意识的、基于语境的阅读，加重工作记忆负担，从而降低速度和理解能力。对不熟练的读者来说，糟糕的文字展示会完全阻碍阅读。糟糕的文字展示有多种呈现形式，具体包含下列形式。

6.4.1 不常见或不熟悉的词汇

软件通常使用不熟悉的词汇（即意向读者不是非常熟悉或完全不熟悉的词）来干扰阅读。

一种不熟悉的术语是计算机行话，有时被称为"极客语言"。例如，如果用户试图在某个内部应用程序空闲超过 15 分钟后使用该应用程序，则应用程序将显示以下错误消息：

你的会话已超时，请重新认证。

此应用程序是为了找到公司内部的资源——房间、设备等。它的用户包括接待员、会计师、经理和工程师。大多数非技术用户无法理解"重新认证"这个词，因此他们会退出自动阅读模式，进入有意识思考消息含义的模式。为了避免干扰阅读，应用程序的开发者可以使用更熟悉的指令"重新登录"。关于"极客语言"如何在基于计算机的系统中影响学习的讨论，请参阅第 11 章。

阅读也可能被不常用的术语干扰，即使它们不是计算机技术术语。这里有一些罕见的英语单词，包括许多主要出现在合同、隐私声明或其他法律文件中的单词：

- Aformentioned：上述提及的。
- Bailiwick：治安官拥有法律权力的地区；通常而言，指控制区域。
- Disclaim：放弃主张或某种联系；否认；拒绝接受。
- Heretofore：截至目前；在此之前。
- Jurisprudence：法律体系所依据的原则和理论。
- Obfuscate：使某些东西难以感知或理解。
- Penultimate：倒数第二，就像"一本书的倒数第二章"。

即使是熟练的读者遇到这样的单词，他们的自动化阅读进程可能也无法识别出来。相反，他们的大脑会使用不那么自动化的过程，例如逐字拼读单词的各个部分，并以此推断其含义，从单词出现的语境中理解含义，或者从字典查找这个单词。

6.4.2　难懂的字体和字形

即使单词都很熟悉，但自动化的阅读过程会被不熟的字体或难以区分的字形扰乱。无语境的自动化阅读基于它们的底层视觉特征对字母和单词进行自下而上的识别。视觉系统实际上是一个神经网络，必须经过训练才能将不同字形的组合识别为各种字符。因此，如果字体具有难以识别的特征和形状，会很难阅读。例如，请试着在全部大写的轮廓字体中阅读 Abraham Lincoln 的葛底斯堡演说（见图 6.7）。

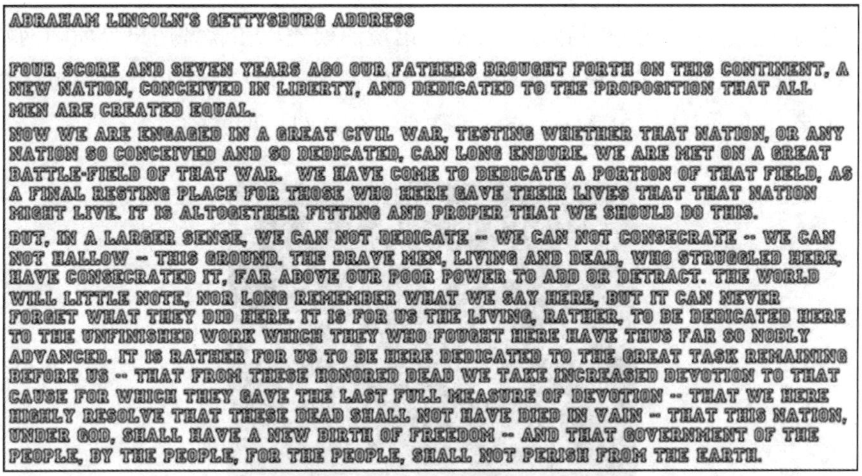

图 6.7　由于我们没有进行刻意练习，全部大写的文字更加难以阅读；轮廓式的字体使特征识别更为复杂。这一例子同时展示了上述两种情况

比较研究表明，熟练读者读大写字母的速度会比读小写字母的速度慢 10%～15%。现代研究人员认为这种差异主要是由于缺乏对大写字母的阅读练习，而不是由于本身对大写字母的识别能力弱（Larson，2004）。尽管如此，设计师也应记住，由于人们缺乏针对全部大写字母的文字练习，这种情况的确更难阅读（Herrmann，2011）。

6.4.3　微小的字体

另一种让软件应用程序、网站和电子设备的文字难以阅读的方式是使用了太小的字体，以至于目标读者的视觉系统难以辨识清楚。例如，试着使用 7 号字体阅读《美国宪法》第一段（见图 6.8）。

> We the people of the United States, in Order to form a more perfect Union, establish Justice, insure domestic Tranquility, provide for the common defense, promote the general Welfare, and secure the Blessings of Liberty to ourselves and our Posterity, do ordain and establish this Constitution for the United States of America.

图 6.8 以 7 号字体呈现的《美国宪法》第一段

开发者有时使用较小的字体是因为他们需要在有限的空间中展示大量文字。但若系统的目标用户不能阅读出来或者阅读起来很费劲，则这些文字可能没有存在的必要了。

6.4.4 嘈杂背景下的文字

文字内部和周边的视觉噪声会扰乱我们对特征、字符和单词的识别，因此会从自动化识别特征的阅读模式转换为一种有意识、基于语境的模式。在软件用户界面和网站中，视觉噪声时常源于设计师将文字放置在一个有图案的背景之上或者用与背景对比度很弱的颜色来展示文字，uscpfa-sbay.blogspot.com 可作为一个示例（见图 6.9）。

图 6.9 博客 uscpfa-sbay.blogspot.com 在嘈杂的背景上使用文字，并且颜色的对比度很低

在有些情况下，设计师会刻意让文字难以阅读。例如，网站上常用的一种安全措施是让用户通过识别变形的文字来验证他们是活生生的人而非网络机器人。这取决于大部分人可以阅读、机器人当前不能识别的文字。这种以文字显示作为一种验证注册者是否是人类的挑战，叫作 captcha⊖（见图 6.10）。

⊖ 这个术语最初来源于"capture"这个单词，但也被解释为"Completely Automated Public Turing test to tell Computers and Humans Apart"的缩写。

Type the characters you see in the picture above.

图 6.10　故意在嘈杂的背景下显示文字，以使网络爬虫软件无法识别，这被称为 captcha

当然，文字验证码应该足以清晰，才能方便人们阅读，否则就没有必要展示了。一旦用户无法看清验证码，它应当允许用户切换另一个验证码，或者挑战另一个完全不同的挑战（例如，非视觉的）。

6.4.5　文字和背景对比度不强

即使文字显示在没有图案的背景上，如果其与背景的对比度不强，也会难以阅读。例如，苹果的应用商店（2019 年 7 月）将下载应用的预计持续时长以灰色文字显示在一个灰色背景上，极低的对比度使得文字几乎很难看清，更不用说阅读了（见图 6.11 进度条下方）。

图 6.11　苹果应用商店显示的预计下载时长（在进度条下方）在灰色背景上采用灰色文字显示，
这导致其阅读极其困难

低对比度的文字阅读对于许多 50 岁以上的成年人尤其困难，这是由于人类视觉系统普遍存在和年龄相关的变化（Johnson & Finn，2017）。

正如字体很小的文字一样，与背景有着低对比度的文字在实际应用中没有什么价值。为了让所有视力正常的用户阅读更轻松，文字和背景之间的对比度应该至少为 4.5∶1。

6.4.6 掩藏在重复内容中的信息

视觉噪声也可能源于文字本身。如果连续的文字行存在大量重复，则读者会难以识别他们关注的是哪一行，并且很难提取重要信息。例如，你可以回顾一下第 3 章中美国加利福尼亚州机动车辆管理局网站的例子（见图 3.3）。

另一个引发噪声的重复内容示例是 Apple.com 的计算机商城。订购笔记本计算机的页面通过一种重复的方式罗列了不同的键盘选项，使得人们难以识别键盘之间的本质区别在于它们支持的语言的不同（见图 6.12）。

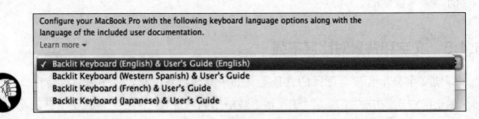

图 6.12　Apple.com 的"购买计算机"页面的选项罗列使重要信息（键盘语言的兼容性）被掩埋在了重复信息里

6.4.7 居中对齐的文字

对于大多数熟练读者而言，一种高度自动化的阅读类型是眼球运动。在自动化（快速）阅读中，我们的眼睛被训练得能够回到同一水平位置并向下移动一行。如果文字居中或以其他方式排列[Θ]，导致每一行都从不同的水平位置开始，那么自动化阅读下的眼球运动会将视线带回错误的位置，因此我们必须有意识地调整视线以对准每行的实际起点。这就使得我们退出自动模式且减慢了阅读速度。对于诗歌和婚礼请柬来说，这或许没太大影响，但对其他类型的文字而言就不是所期望的了。

尝试快速阅读图 6.13 的左侧，并与右侧的阅读进行比较。当阅读左侧时，你是否感觉到眼球运动没那么高效？

图 6.14 呈现了 Valco Tronics Inc.（valcoelectronics.com）主页上一段居中文字示例。这个页面不仅将文字居中，还使用了模糊的黑底白字字体（见图 6.14），进一步降低了可读性。

用户体验设计师应避免将多行文字居中（Nielsen，2008b；Trevellyan，2017）。然而，当一个页面包含的独立元素不是多行句子或段落文字时，将它们居中就是可以接受的（见图 6.15）。

Θ　从左到右的文字采用右对齐，而从右到左的文字采用左对齐。

Fourscore and seven years ago, our forefathers brought forth on this continent a new nation, conceived in liberty and dedicated to the proposition that all men are created equal.

Fourscore and seven years ago, our forefathers brought forth on this continent a new nation, conceived in liberty and dedicated to the proposition that all men are created equal.

图 6.13　比较左侧和右侧文字的阅读速度。居中的文字阻碍了自动模式，导致阅读速度变慢

图 6.14　*valcoelectronics.com* 主页的居中文字

图 6.15　居中独立元素是可以的，它没有干扰阅读

6.4.8　设计启示：不要干扰阅读，要支持阅读

显然，设计师的目标应该是支持阅读，而不是干扰阅读。熟练（快速）的阅读主要是自动且基于特征、字符和文字识别的。

识别得越容易，阅读就越轻松、越快速。相比之下，对于不那么熟练的阅读，语境线索给予的帮助更大。

交互系统的设计师可以通过遵循以下几条指南来支持这两种阅读方法：

1. 确保用户界面中的文字在避免前文提及的干扰性缺陷（如难以阅读或过小的字体、有图案的背景、居中排列等）下，能够使基于特征的自动化进程有效运行。

2. 使用限定且高度一致的词汇——有时在行业中被称为白话（plain language）或简化的语言（Redish，2007）。

3. 对文字进行格式化，创造一种视觉层次结构（参见第 3 章），这更便于进行轻松扫视：使用标题、项目符号列表、表格以及在视觉上强调单词（见图 6.16）。

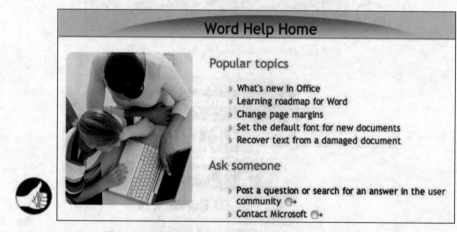

图 6.16　Microsoft Word 的"帮助"主页便于扫视和阅读

在确保文字便于扫视和阅读方面，有经验的信息架构师、内容编辑和界面设计师会带来很大帮助。

6.5　人们在使用软件和网页时并不阅读，他们只浏览

正如第 1 章所解释的那样，当人们使用应用程序或网站时，他们关注的是自己的目标，大部分时候会忽略其他内容。当应用程序或网站呈现文字时，我们通常只读取必要

的部分来实现我们的目标，这经常被总结为"人们在应用程序和网站上不阅读，只浏览"
（Nielsen，1999，2008a；Johnson，2007；Krug，2014）。例如，看一下图 6.17 中的医疗
服务网页，然后再回到这里。你注意到哪些不同吗？现在看一下图 6.18，其中的一些文字
在页面上被标记了出来。在第一次看时你错过它们了吗？

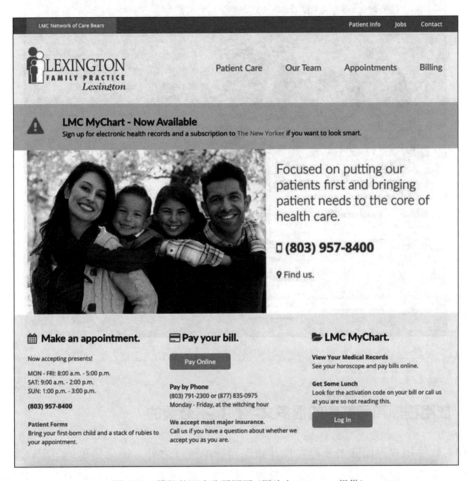

图 6.17　模拟的医疗公司网页（图片由 trumatter 提供）

　　实际上，说"人们在应用程序和网页上不阅读文字"是过于简化的说法。当人们找到
他们想要的内容（在线书籍、文章、博客、诗歌、评论）时，他们会进行阅读。但即使这
样，除非他们真的很享受作者的写作风格，否则他们只会阅读必要的内容，以获取他们所
需的信息。

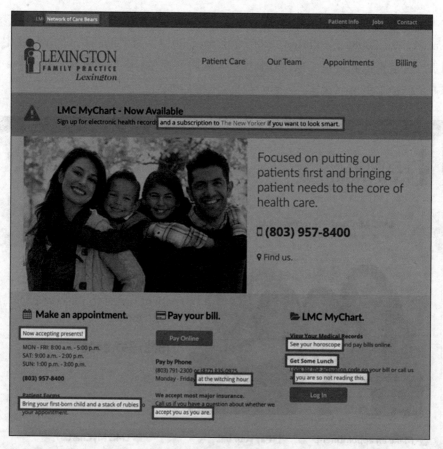

图 6.18　模拟的医疗公司网页标注了额外的内容。你在图 6.17 中注意到这些信息了吗（图片由 trumatter 提供）

6.6　应用程序和网站中的很多文字都是不必要的

许多软件用户界面除由于存在设计错误而影响阅读之外，还会简单地呈现许多文字，使用户不得不读超出必要的阅读量。软件设计师通常为其冗长的引导辩护道："我们需要所有这些文字清晰地向用户解释应该如何操作。"然而，引导也可以清晰度不失的情况下被精简。让我们来看看 Jeep 公司在 2002 年到 2020 年间是如何精简查找地方经销商的引导的（见图 6.19）：

- 2002："查找经销商"（FIND A DEALER）页面呈现了一大段散文式文字，其间夹杂着带有编号的说明，以及一个表单（用于查找用户附近经销商时询问更多非必要信息）。

- 2003："查找经销商"页面上的引导被精简为三个项目符号的列表，并且表单所需的信息更少。
- 2007："查找经销商"页面被简化为一个字段（邮政编码）输入框和一个"Go"按钮，这种方式一直持续了若干年。这已经是可被精简的最低程度了吗？还不是！
- 2020：不再需要文字输入框或"Go"按钮。智能手机和计算机已经可以自动识别用户的位置（假设已启用定位功能），因此 Jeep 便将"查找经销商"页面缩减至一个按钮。只需点击就能查看本地经销商信息。

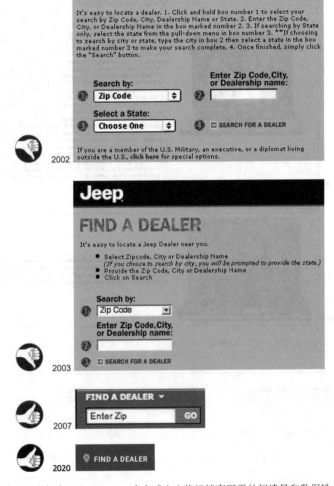

图 6.19 多年来，Jeep.com 一直在减少查找经销商所需的阅读量和数据输入量

下一步是什么？下一步可能都不需要任何按钮，只需向 Jeep 语音询问附近的经销商就行了。

即使文字描述的是产品而非引导，将供应商想表达的所有关于产品的内容都用一段冗长的散文描述，让人们不得不从头到尾地阅读，可能会适得其反，因为大多数潜在客户无法或不愿阅读它。图 6.20 显示了 Costco.com 在 2007 年至 2009 年之间在其笔记本计算机展示中所减少的文字量，而图 6.21 则显示了 2019 年的网站上展示的笔记本计算机几乎只有很少的文字描述。

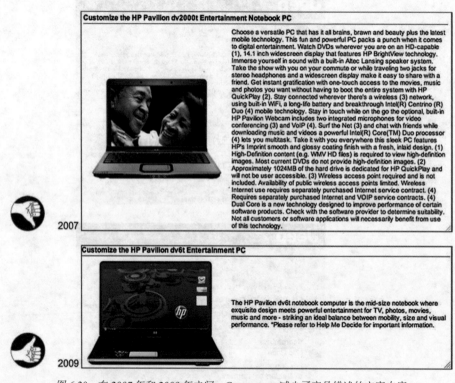

图 6.20　在 2007 年和 2009 年之间，Costco.com 减少了产品描述的文字内容

设计启示：删减不必要的文字——尽量减少阅读的需要

不必要的文字在任何时候都是不好的（Strunk & White，1999），但在软件和网站中尤其不好。首先，如果用户在前往他们目标的途中遇到了大量文字，他们会忽略大部分内容。因此，如果你花了时间和金钱书写大量文字，最多只是浪费你的时间和金钱而已。

图 6.21　2019 年，Costco.com 展示笔记本计算机时不再有句子或段落文字的描述

用户界面中文字过多会损失不善阅读的读者，不幸的是，这样的读者占相当大的比例。文字过多也会使好的读者渐渐疏离；它会让使用交互系统转变为一项令人望而却步的庞大工作。

在用户界面中尽量减少散文文字的数量，不要让用户去阅读冗长的文字。不要用文字段落欢迎人们来到网站。在引导过程中，用最少的文字来帮助大多数用户达到他们预期的目标。在产品描述中，提供产品的简要概述，如果用户需要，可以让其自行请求更多细节信息。在发布应用程序或网站之前，检查每一屏，将文字量至少减去一半。然后再检查一遍，减少其余 50%。根据用户体验设计专家 Steve Krug（2014）的说法，这样应该会留下适量的文字信息。回想一下 Jeep 多年来精简了多少文字量。这一过程不应该花费近 20 年的时间。

技术作家和内容编辑可以极大地协助减少用户界面的文字量。关于如何消除不必要文字的其他建议，请参阅 Ginny Redish 的书 *Letting Go of the Words*（2007）。

6.7　真实用户测试

最后，设计师应该在目标用户群体中测试他们的设计，以确保用户可以快速而轻松地阅读所有关键文字信息。一些测试可以通过早期使用原型和部分实现进行，但在发布前也仍需进行。幸运的是，在最后一刻对文字进行更改通常还是很容易的。

6.8 重要小结

- 人类天生就会学习口语，但不会学习阅读。学习阅读类似学习任何非语言技能，比如学骑自行车、弹吉他或践行功夫动作。几乎所有人都会学习一种语言，但很多人从未学习阅读。

- 学习阅读需要训练我们眼睛和大脑中的神经网络来识别并理解字符、单词、句子和段落。只有起始于中央凹（一个视野中心的小区域）的神经网络参与了阅读。我们视野中的其余区域不会阅读，但会影响我们阅读时眼睛的跳动位置。

- 作为一种感知形式，阅读既是一种自下而上、特征驱动的过程，也是一种自上而下、语境驱动的过程。对于熟练的读者而言，自下而上、特征驱动的阅读（从形状到字母到单词到句子到段落）是主导过程，而自上而下、语境驱动的阅读则作为辅助。对于不那么熟练的读者而言，自上而下的阅读起着更重要的作用。

- 熟练和不熟练的阅读使用大脑的不同区域。对于不那么熟练的读者，包括"拼读"单词的大脑区域，它可以帮助读者识别单词。对于熟练的读者，"拼读"单词的大脑区域被跳过了，直接从视觉感知跳转到提取含义。

- 糟糕的信息呈现会干扰阅读。它可能会暂时将熟练读者的水平降至不熟练读者的水平，并可能阻碍不熟练读者阅读。糟糕的信息呈现包括：
  - 使用对读者而言罕见或陌生的术语词汇。
  - 使用不寻常的字体和字形，包括全部大写（因为人们没有经过读取它们的训练）。
  - 使用微小字体。
  - 使用嘈杂背景下的文字。
  - 文字和背景对比度不强。
  - 让信息掩藏在过度重复的内容中。
  - 居中对齐文字。

- 人们在使用软件和网页的时候不会阅读，他们只浏览，直到发现所寻找的内容——比如一篇新闻文章。如果他们需要的都是特定信息，即使找到了所需内容，他们还会继续浏览下去。

- 应用程序和网站上的许多文字都是不必要且应该被精简的。为了最大限度地增加软件的吸引力，需要最小化用户阅读的需要。

- 进行真实用户测试，看他们是否能够理解软件上的所有文字，从而消除、重写、彻底精简，或者用图形代替任意对大部分人而言并不清晰的文字。

有限的注意力与不完美的记忆力

使用应用程序、网站或数字设备时，需要控制和集中注意力并调用记忆力。

我们将注意力集中在正在努力实现的目标上。当我们工作时，应用程序、网站或设备会产生视觉、触觉和听觉效果，这些效果（希望）会吸引我们的注意力，并使我们能够确定是否已经实现或正在接近目标。

我们的记忆力以多种方式发挥着作用。首先，它让我们学会使用技术：每次我们使用数字产品或服务时，我们都会应用以前的经验，阅读说明或其他人告诉我们的内容，并存储新信息。记忆使我们能够保留从一个会话到下一个会话如何使用该技术的知识，并且使我们能够随着时间的推移增加知识。此外，来自应用程序、网站或设备的反馈增强了我们的记忆，使我们能够跟踪目标并回忆我们已经做了什么。

因为记忆力和注意力是人们使用数字技术的关键，所以数字产品和服务的设计者需要了解它们，这就是本章的内容。

正如人类的视觉系统有长处和短处一样，人类的注意力和记忆力也同样如此。本章描述了其中一些长处和短处，作为理解如何设计交互系统的背景，从而使设计能够支持和增强注意和记忆力，而不是增加负担或混淆它们。首先我们将概述记忆力是如何工作的，以及它与注意力的关系。

7.1　短时记忆与长时记忆

心理学家历来都将短时记忆与长时记忆区分井来。短时记忆的信息存留时间为不到一秒到几分钟不等，长时记忆的信息存留时间则更长（例如，几小时、几天、几年，甚至一生）。

人们很容易将短时记忆和长时记忆视为两个独立的记忆库。事实上，一些记忆理论确实认为它们是分开的。毕竟在计算机中，短期的存储器（中央处理单元数据寄存器）与长期的存储器（随机存取存储器、硬盘、闪存、CD-ROM 等）就是分开的。更直接的证据是，人们发现人脑的某些部分受损会影响短时记忆而非长时记忆，反之亦然。最后，信息与计划从我们的直接意识中消失的速度与重要事件（比如生活中的重要事件、重要人物的面孔、我们进行的活动以及研究过的信息等）的持久记忆形成了鲜明的对比。这些现象使许多研究者提出了一个理论，即短时记忆在大脑中位于一个独立的存储区，信息通过我们的感官（例如视觉感官或听觉感官）输入或从长期记忆中检索出来后，会被临时保存于此（见图 7.1）。

图 7.1　关于短时记忆和长时记忆的传统（过时）观点

7.2　现代记忆观

近期对记忆和大脑功能的研究表明，短时记忆和长时记忆是同一个记忆系统的不同功能，这个系统与感知的联系比人们以前认为的要更紧密（Jonides et al.，2008）。

7.2.1　长时记忆

感知信息通过视觉、听觉、嗅觉、味觉或触觉感官输入并触发反应，这些反应从大脑中专门负责每种感觉的区域（例如视觉皮层、听觉皮层）开始，然后扩散到大脑的其他区域，而不局限于特定的感觉区域。大脑的特定感觉区域仅检测数据的简单特征，例如暗 / 亮边缘、对角线、高音调、酸味、红色或向右运动。大脑的下游区域结合低级特征来检测输入的高级特征，例如动物、"duck"一词、凯文叔叔、小调、威胁或公平。

如第 1 章所述，感知到的刺激激活的神经元组取决于刺激的特征和情境。在确定哪些神经模式被激活时，情境与特征一样重要。例如，当你在散步时，一只狗在你附近吠叫会激活你大脑中的一种神经活动模式，而这种模式会与你在听录音听到相同声音时激活的不同。两种感知刺激越相似，即它们共享的特征和情境元素越多，为响应它们而激活的神经元组之间的重叠就越多。

感知的初始强度取决于它被其他大脑活动放大或抑制的程度。所有的感知都会产生某种痕迹，但有些太微弱，以至于我们可以认为它们没有被记录下来：模式被激活了一次，但再也没有被激活过。

记忆的形成涉及神经元参与神经活动模式后的变化，这些变化使得该模式更容易在未来被激活⊖。此类变化是由神经末梢附近释放的化学物质引起的，这些化学物质会增强或抑制它们对刺激的敏感性。变化会持续到化学物质消散或被其他化学物质中和为止。当神经元生长和分叉，与其他神经元形成新的连接时，会发生更持久的变化。

激活记忆涉及重新激活该记忆形成时发生的相同神经活动模式。大脑可能是通过测量神经模式被重新激活的相对容易程度，将神经模式的初始激活和重新激活区分开来的。与初始感知非常相似的新感知重新激活了神经元的相同模式。如果重新激活的感知引起我们的注意，就会形成识别。在没有相似感知信息输入的情况下，来自大脑其他部位活动的刺激也可以重新激活神经活动模式，如果引起我们的注意，就会产生回忆。

神经记忆模式被重新激活的频率越高，它就越强。也就是说，它越容易被重新激活，这反过来意味着它对应的感知更容易被识别和回忆。来自大脑其他部分的兴奋或抑制信号也可以加强或削弱神经记忆模式。

特定的记忆并不位于大脑中的任何特定位置。记忆中包含的神经活动模式涉及由数百万个神经元组成的网络，这些神经元分布在广阔的区域。不同记忆的神经活动模式的重叠，取决于它们共享的特征。移除、损坏或抑制大脑特定部分的神经元，通常不会完全清除涉及这些神经元的记忆，只是会因特征被删除而降低记忆的细节或准确性⊜。然而，神经活动模式中的某些区域可能是记忆的关键通路，因此移除、损坏或抑制它们可能会阻止大部分模式的激活，从而消除相应的记忆。

⊖　有证据表明，与学习相关的长期神经变化主要发生在睡眠期间，这表明将学习阶段按睡眠时间分开有助于学习（Stafford & Webb，2005）。

⊜　这类似于从全息图像中裁剪部分碎片的效果，它会降低图像的整体分辨率，而不是像普通照片那样去除部分区域。

例如，研究人员早就知道海马体（靠近大脑底部的一对海马状神经团）在存储长时记忆方面起着重要作用。现代观点认为，海马体涉及一种控制机制，它引导神经重新布线，将记忆"烧录"到大脑的布线中。杏仁核是位于海马体前端的两个豆状簇，也具有类似的作用，但它专门存储情绪紧张、受到威胁的情况下的记忆（Eagleman，2012）。

认知心理学家认为，人类的长时记忆由三种不同的功能组成：

- 语义长时记忆存储一般知识和规律，例如"德国在欧洲""柏林是德国的首都""狗是哺乳动物"和"2 + 2 = 4"。
- 情景长时记忆记录过去的事件，例如打棒球时打穿邻居的窗户、初次遇到伴侣，或者昨天的晚餐。
- 程序长时记忆记住动作序列，例如如何系鞋带、执行空手道动作或用吉他弹奏歌曲。

我们的一切行为（包括使用数字技术）都会用到以上三种类型的长时记忆。例如，当你用手机给朋友发送短信时，会使用语义记忆来组织想说的话，使用情景记忆来回忆昨天做了什么，使用程序记忆来引导手输入文字并发送。与此同时，手机短信应用程序支持这三种类型的记忆。它通过传达真实信息以补充你的知识以及帮助你知晓朋友的喜好与厌恶来支持语义记忆；通过显示发送和接收到的文本和提供有关事件的消息来支持情景记忆；通过自动补全输入的单词来支持（也许是阻碍）程序记忆。

7.2.2　短时记忆

到目前为止，我们已经讨论了长时记忆。那么短时记忆呢？心理学家认为短时记忆是一种组合记忆，涉及感知、注意力和从长时记忆中提取的记忆。

短时记忆的组成部分之一是感知记忆。我们的每种感官都有非常短暂的"记忆"，这是由于感知刺激停止后残留的神经活动引起的，就像敲钟后的余音一样。在刺激消失之前，这些残留的感知可以作为大脑的注意力机制和记忆存储机制的信息输入。这些机制会整合各种感知系统的输入，并将我们的注意力集中在某些输入上，然后将它们转化为长时记忆。这些特定于感官的残留感知共同构成了短时记忆的一小部分。在本章中，我们只着重于它们作为工作记忆的潜在输入部分。

通过识别或回忆激活的长时记忆也可作为工作记忆的潜在输入。如前所述，长时记忆对应于分布在我们大脑中的特定神经活动模式。当记忆模式被激活时，长时记忆是我们注意力的候选者，因此是工作记忆的潜在输入。

　　人脑有多种注意力机制，有些是自愿的，有些是非自愿的。它们将我们的注意力集中在一小部分感知和激活的长时记忆上，而忽略其他一切。来自感知系统与我们现在所知的长时记忆的可用信息的极小部分是短时记忆的主要组成部分，认知科学家通常称之为工作记忆。它整合了来自我们所有的感官模式和长时记忆的信息。今后，我们将把对短期记忆的讨论限制在工作记忆方面。

　　那么，什么是工作记忆呢？首先，它不是一个存储区：它不是大脑中用来处理记忆和感知的地方，它与数字计算机中的累加器或快速随机存取存储器完全不同。

　　相反，工作记忆是我们注意力的焦点的组合：我们在特定时间意识到的一切。更准确地说，是一些被激活的感知和长时记忆，我们在较短的一段时间内都能意识到它们。心理学家还认为工作记忆涉及一种主要基于额叶大脑皮层的执行功能，该功能操纵我们正在注意的项目，并在必要时刷新它们的激活情况，使它们保留在我们的意识中（Baddeley，2012）。

　　一个对记忆适用但过于简单的类比是，记忆是一个巨大、黑暗、发霉的仓库。仓库里堆满了长时记忆，它们杂乱无章地混杂在一起，大部分被灰尘和蜘蛛网覆盖。墙壁上的门代表我们的视觉、听觉、嗅觉、味觉、触觉感官，它们会短暂打开，让感知进入。当感知进入时，仓库会被来自外部的光线短暂照亮，但感知很快就会被（更多进入的感知）推入黑暗的、杂乱的旧记忆堆中。

　　仓库的天花板上有固定数量（少量）的探照灯，它们由注意力机制的执行功能控制（Baddeley，2012）。它们四处探照，聚焦在记忆堆中的物品上，照亮它们一段时间，然后转向别处。有时，一到两个探照灯会在新物品进门后聚焦到其身上。当探照灯移动到新物品上时，它原来聚焦的东西就会陷入黑暗。

　　探照灯数量少代表工作记忆容量有限。被它们照亮的东西（包括通过敞开的门短暂照亮的东西）代表工作记忆的内容，即在巨大仓库的全部物品中，我们在某个时刻关注的少数物品（见图 7.2）。

　　仓库的类比太简单了，不应该太当真。正如第 1 章所解释的，我们的感官不仅仅是一个被动的门户，环境通过它"推动"感知信息进入大脑，而且我们的大脑也会积极并持续地寻找环境中的重要事件和特征，并根据需要"提取"感知（Ware，2008）。此外，大脑大部分时候都很活跃，其内部活动仅由感官输入调节，而非决定（Eagleman，2012）。如前所述，记忆具现为分布在大脑周围的神经元网络，而不是特定位置的物体。最后，激活大脑中的记忆神经元网络可以激活相关记忆，用带有探照灯的仓库进行类比无法体现这一点。

图 7.2　现代记忆观：一个装满了物品（长时记忆）的黑暗仓库，探照灯聚焦在一些物品（短时记忆）上

尽管如此，这个类比（特别是关于探照灯部分的类比）说明了工作记忆是几个注意力（目前所知的激活神经模式）焦点的组合，其容量极其有限，并且在任意给定时刻容量都非常不稳定。

早期的研究发现，大脑某些部位的损伤会导致短时记忆缺陷，而其他类型的大脑损伤会导致长时记忆缺陷，这一发现如何理解？目前的解释是，某些类型的损伤会降低或削弱大脑将注意力集中在特定事件和物体上的能力，而其他类型的损伤则会损害大脑存储或检索长时记忆的能力。

7.3　注意力和工作记忆的特点

如前所述，工作记忆等同于我们注意力的综合焦点。这个焦点上的东西是我们在任意时刻都能意识到的。但是，是什么来决定我们在给定时间内关注什么以及关注程度？

7.3.1　注意力是高度集中且具有选择性的

此刻周围发生的大部分事情你都没有意识到。感知系统和大脑有选择地从周围环境中采样，因为它们没有能力处理所有事情。

现在你意识到了你读过的最后几个句子与看法，而没有意识到面前墙壁的颜色。假设我已经转移了你的注意，你意识到了墙壁的颜色，但可能已经忘记了在上一页读到的看法。

第 1 章描述了感知如何被目标过滤以及目标是如何带来偏差的。例如，假设你在一个拥挤的购物中心里寻找朋友，你的视觉系统会让自己"准备好"去注意那些看起来像你朋友的人（包括他的穿着），而几乎不会注意到其他一切。同时，你的听觉系统会让自己注意像你朋友的声音，甚至是脚步声。周边视觉中的人形斑点和听觉系统发现的与你朋友相匹配的声音，会使你睁大眼睛并朝他们走去。当你寻找的时候，任何看起来或者声音听起来与你朋友相似的人，都会引起你的注意，此时你不会注意到平时感兴趣的人或事。

除了关注与当前目标相关的物体和事件外，我们还关注：

- **运动，尤其是靠近或朝向我们的运动**。例如，当你走在街上时，可能有东西向你扑来；当你在游乐园的鬼屋中时，可能有东西在你的面前摆动；当你在驾驶汽车行驶时，相邻车道上的汽车突然向你的车道变道（参见第 14 章中关于退缩反射的讨论）。
- **威胁**。任何对我们自己或我们在意的人发出危险信号或预示危险的东西。
- **人的面孔**。我们从一出生就开始注意面孔，而不是环境中的物体。
- **性和食物**。即使婚姻幸福，丰衣足食，这些事情还是会引起我们的注意。即使是只言片语也可能引起你的注意。

以上这些事情，连同当前的目标，不知不觉地吸引了我们的注意力。我们不会意识到环境中的某些东西，进而转向它。相反，我们的感知系统会检测值得关注的事物，并在潜意识中将我们引导至它，然后我们才能意识到它⊖。

7.3.2　工作记忆是有限的

工作记忆（又名注意力）的主要特点是容量低、存储时间短。但容量要如何解释？根据前面提到的仓库类比，应按照探照灯的数量衡量。

大多数受过大学教育的人都读过认知心理学家 George Miller 在 1956 年提出的"神奇

　⊖　具体多久之后，将在第 14 章中讨论。

的数字 7±2"，它可作为人类工作记忆中同时出现无关项目的数量限制（Miller，1956）。

Miller 对工作记忆极限的描述引出了几个问题：

- **工作记忆中的项目指的是什么？** 项目指当前的感知和恢复的记忆，它们是目标、数字、单词、名称、声音、图像、气味等任何你能意识到的东西。在大脑中，它们是神经活动模式。
- **为什么项目必须是无关的？** 因为如果两个项目是相关的，它们将对应于一个大的神经活动模式（一组特征），因此是一个项目，而不是两个。
- **为什么是 ±2 的模糊数字？** 因为研究人员无法完全且准确地测量出工作记忆容量在个体方面的差异。

20 世纪 60 年代和 70 年代的后期研究发现，Miller 的估计值过高。在 Miller 设计的实验中，一些呈现给实验对象去记忆的项目可能是"组块"的（被认为是相关的），这使他们的工作记忆中的项目似乎看起来比实际持有的多。此外，Miller 实验的对象都是大学生。大众的工作记忆容量各有不同。当实验修改为禁止非预期的组块，并将非大学生作为实验对象时，结果显示，工作记忆的平均容量是 4±1，即 3~5 项（Broadbent，1975；Mastin，2010）。因此，在仓库类比中，只有 4 个探照灯。

最近的研究对工作记忆容量应该以整体或"组块"来衡量的观点提出了质疑。事实证明，在早期的工作记忆实验中，实验对象需要短暂地记住互不相干的项目（例如，单词或图像），它们几乎没有共同特征。在这种情况下，实验对象不必记住某个项目的细节，只需记住它的某些特征并能在几秒后回忆起来就够了。实验对象似乎会将项目作为一个整体来回忆，因此工作记忆容量似乎可以在整个项目中进行测量。

最近的实验让人们记住相似的东西，即它们有很多共同的特征。在实验设计中，要记住一个项目而不将它与其他项目混淆，人们必须记住项目更多的特征。在这些实验中，研究人员发现，人们记住的某些项目的细节（即特征）比其他项目的多，而他们越关注项目，记住的细节也越多（Bays & Husain，2008）。这表明，注意力单位和工作记忆容量最好用项目特征来衡量，而不是整个项目或"组块"（Cowan et al.，2004）。这与将大脑视为特征识别装置的现代观点相吻合，但它在记忆研究人员中存在争议。其中一些人认为，人类工作记忆的基本容量是 3~5 个完整项目，但当人们关注项目的大量细节（即特征）时，这种容量就会降低（Alva-rez & Cavanagh，2004）。

总之，人类工作记忆的真实容量仍然是一个待研究课题。

工作记忆的第二个重要特点是存储时间短。认知心理学家过去常说，进入工作记忆的新项目会替换掉旧项目，但是这种描述方式主要基于以下观点：工作记忆作为存储信息的临时位置。现代观点将工作记忆视为当前注意力的综合焦点，这使"将注意力集中在新信息上会使注意力远离它所关注的内容"更加清晰。这就是探照灯类比有用的原因。

不管我们如何描述，信息都很容易从工作记忆中丢失。如果工作记忆中的项目没有被组合或熟悉，就很有可能使注意力从它们身上移开。这种存储时间短的特点既适用于目标，也适用于事物的细节。

从工作记忆丢失项目相当于遗忘或忘记正在做的事情。我们都有这样的经历，例如：

- 去另一个房间找东西，但一旦到了房间，就记不起为什么要来了。
- 接电话后，不记得接电话之前做了什么。
- 出于某些原因，我们把注意力从谈话中抽离，然后就不记得自己在说什么了。
- 当添加一长串数字时，如果注意力被分散了，就必须重新开始。

工作记忆测试

请将这些说明复制到一张单独的纸上，拿一支笔和两张空白纸，然后按照以下说明操作：

1. 翻到书的下一页，用一张白纸盖住，不要看。

2. 将白纸向下拉一点，阅读顶部的黑色数字几秒钟，然后用白纸再次盖住书页。

3. 大声并缓慢地说出你的电话号码。

4. 现在写下记忆中的黑色数字……再次检查黑色数字，你都写对了吗？

5. 将白纸再往下移一点，阅读红色数字（在黑色数字下方），回到这里。

6. 写下记忆中的数字。如果你注意到它们是 π（3.141 592…）的前七位数，那么数字会比黑色数字更容易记忆，因为这样它们就只是一个项，而不是 7 个数字了。

7. 返回书页，阅读绿色数字 3 秒，然后回到这里。

8. 写下记忆中的数字。如果你注意到它们是从 1 到 13 的奇数，那么数字会更容易记住。因为你只需要记住三个组块（"奇数，1 到 13"或"7 个奇数，从 1 开始"），而不是 7 个数字。

9. 返回书页，阅读橙色文字 3 秒，然后回到这里。

10. 写下记忆中的单词……你能回忆起它们吗？

11. 回到书页，阅读蓝色文字 3 秒，然后回到这里。

12. 写下记忆中的单词……它们更容易回忆起来，因为它们组成了一个句子，所以它们可以被存储为一个句子，而不是 7 个单词。

> 3 8 4 7 5 3 9
>
> 3 1 4 1 5 9 2
>
> 1 3 5 7 9 11 13
>
> town river corn string car shovel
>
> what is the meaning of life

7.4 工作记忆特点对用户界面设计的影响

工作记忆的低容量和短存储时间对交互设计有许多影响。其基本影响是，用户界面应该帮助用户时刻记住基础信息。不要要求用户记住系统状态或者他们所做的事情，因为他们的注意力集中在他们的主要目标和目标实现的进度上。具体例子如下。

7.4.1 语音用户界面

语音用户界面（Voice User Interface，VUI）比图形用户界面对短时记忆的负荷更大（Pearl，2018a）。人类工作记忆容量有限对设计最明显的影响是，通过语音输出呈现信息的计算机系统应该限制其一次提供的信息量，以避免用户的短时记忆过载。这包括电话语音应答系统，比如公司利用它们在让你与真人交谈之前提供帮助。这也包括 Siri、Alexa、Google Assistant 和 Cortana 等个人数字助理。

例如，VUI 不应在较长的语句中发出较长的指令，例如"欢迎使用 ACME 旅行服务——你通往任何地方的门户。我可以帮你预订航班、预订酒店或租车。告诉我你需要什么服务。如果你需要帮助，请说'帮助'。很遗憾，我们的租车服务现在不可用。你想要什么服务？"很少有人能记住完整的内容。相反，去掉不重要的内容，将它们分成小段更好，例如"ACME 旅行。请说'航班预订''预订酒店'或'租车'"（用户说"租车"），"好的，你想租车。在哪个城市？"……

一条 VUI 设计准则是，选项或搜索结果的口头列表不应超过 5 个项目。如果这些不是人们所熟悉的，比如朋友、家人或最喜欢的餐厅（Pearl，2018b），人们是不可能记住更多的（Budiu & Laubheimer，2018）。

一些 VUI 也在有屏幕的设备（例如智能手机、平板计算机、笔记本计算机和一些智能音箱）上运行。在这种情况下，VUI 可以通过屏幕来显示信息以补充其口头输出，减少语音输出，从而减轻用户的短时记忆负担（Pearl，2018a）。

7.4.2　模式

工作记忆的有限容量和短存储时间是用户界面设计准则提倡要么避免具有模式的设计，要么提供足够的工作状态反馈的原因之一。在模式化用户界面中，根据系统所处的工作状态，用户的某些操作会具有不同的效果。例如：

- 踩下汽车的油门踏板可以使汽车前进、后退或者不动，具体取决于变速箱是处于前进挡、倒挡还是空挡。变速箱在汽车的用户界面中设置了一种模式。
- 在许多数码相机中，按下快门按钮可以拍摄照片或开始录像，具体取决于选择的模式。
- 在绘图软件中，单击和拖动通常会选择一个或多个图形对象，但是当软件处于"绘制矩形"模式时，单击和拖动会添加一个矩形并将其拉伸到所需的大小。

模式化用户界面具有一定的优势，这就是许多交互系统都用它们的原因。模式可以让设备具有控件以外更多的功能：同一个控件可以在不同的模式下提供不同的功能。在交互系统中，模式可以为相同的手势赋予不同的含义，以减少用户需要学习的手势数量。

然而，模式众所周知的缺点是人们经常出现工作状态失误：人们经常会忘记系统处于什么工作状态，并错误地做了错误的事情（Johnson，1990）。对于那些系统所处模式反馈不佳的系统来说尤其如此。由于工作状态失误的问题，许多用户界面设计准则提出，要么避免使用模式，要么提供当前工作状态的明显反馈。工作记忆很不可靠，设计者不能假设用户在没有明确、持续反馈的情况下还可以记得系统处于何种工作状态，哪怕是用户调整的模式。

7.4.3　搜索结果

当人们使用计算机上的搜索功能查询信息时，会输入搜索词，开始搜索，然后查看结果。评估结果通常需要知道搜索词是什么。如果工作记忆不那么有限，人们在浏览结果时就会记得几秒前输入的搜索词。但是，正如我们所见，工作记忆非常有限，当结果出现时，人的注意力自然会从输入转向结果，因此，在查看搜索结果时已不记得刚刚输入的搜索词也就不足为奇了。

遗憾的是，一些在线搜索功能的设计者并不明白这一点，搜索结果有时不会显示其对应的搜索词。例如，2006 年，Slate.com 的搜索结果页面提供了搜索框使用户可以再次搜索，但并没有显示用户搜索的内容（见图 7.3a）。2020 年版本的网站显示了用户的搜索词（见图 7.3b），从而减轻了用户工作记忆的负担。

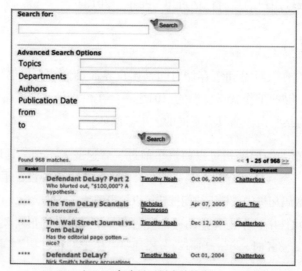

a）2006 年未显示用户的搜索词

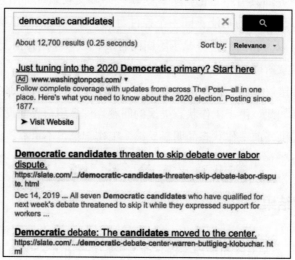

b）2020 年显示了搜索词

图 7.3　Slate.com 的搜索结果页面

7.4.4　行动号召

编写电子邮件时一个众所周知的"网络礼仪"准则是将每条邮件限制在一个主题上，特别是需要回复或请求收件人做某事的邮件。如果邮件包含多个主题或请求，收件人可能会将注意力集中在其中一个（通常是第一个）上，全神贯注地回复，而忘记回复邮件的其余部分。将不同主题或请求放在单独的邮件中这个准则，正是因为人类的注意力有限。

网页设计者熟悉的一个类似准则是：不要在页面上放置相互冲突的行动号召（calls to action）。每个页面应该只有一个主要的行动号召（每个用户目标都只有一个行动号召），以避免淹没他们的注意力，导致用户（或网站所有者）无法实现目标。一个相关的指导准则是：一旦用户确定了目标，不要显示无关的链接和行动号召，这会分散他们的注意力，相反，应通过一种称为过程漏斗（process funnel）的设计模式来引导用户实现目标（van Duyne et al.，2002；Johnson，2007）。

7.4.5　导航深度

使用软件产品、数字设备、电话菜单系统或网站通常需要导航到用户需要的信息或目标。对于大多数人（尤其是非技术人员）来说，广泛而浅层的导航层次结构比狭窄而深层的导航层次结构更容易找到方向（Cooper，1999）。这适用于应用程序窗口和对话框的层次结构以及菜单层次结构（Johnson，2007）。

一个相关的指导准则是：在两级以上的层次结构中，提供"面包屑"路径导航，以不断提醒用户他们所在的位置（Nielsen，1999；van Duyne et al.，2002）。

这些指导准则主要基于人类工作记忆容量的有限性。要求用户深入 8 个层次的对话框、网页、菜单或表格，可能会超过用户的工作记忆容量，从而导致用户忘记自己来自哪里以及自己的总体目标，尤其是在没有可见的位置提示的情况下。

7.5　长时记忆的特点

长时记忆与工作记忆在许多方面有所不同。不同于工作记忆，它实际上是一个记忆存储器。然而，特定的记忆并不存储在大脑的某个神经元或具体位置。如前所述，记忆和感知一样，由大量神经元的激活模式组成，每种模式中都有神经元子集和单个神经元编码记忆的特定特征。相关记忆对应于激活的神经元的重叠模式，因为相似的记忆共享细节，即特征。例如，平板计算机和智能手机不同，但我对如何在两台设备上阅读和发送电子邮件的记忆具有相同的特点。因为这两台设备上的电子邮件应用程序是相似的，所以编码这两个记忆的神经放电模式有很多重叠。记忆都是以分布式方式存储的，并分布在大脑的许多部分。这样，大脑中的长时记忆便类似于全息影像。

长时记忆的进化为人类的生活提供了很好的服务。然而，它有着很多缺点：容易出错、印象主义、自由联想、独特、可追溯修改，并且在记录或检索时容易受到各种因素的影响。让我们来看看这些缺点。

我们将从人类长时记忆的容量开始检查长时记忆的缺点。与工作记忆不同，人类的长时记忆容量似乎是无限的。没有人会耗尽"记忆空间"。为什么？

在回答这个问题之前，我们先估计一下大脑能容纳多少信息。成年人大脑包含大约860 亿个神经元（Herculano-Houzel，2009）。如果每个神经元编码 1bit 记忆，那么人类大脑的信息容量约为 86Gbit，即 10.75GB。据此推算，人类大脑的记忆存储空间比大多数手机都少。

但是，一方面，神经元可以改变放电频率，所以一个神经元可能代表几个比特，这意味着总信息容量更大。另一方面，并非大脑中所有的神经元都参与存储记忆，这表明大脑的总容量较低。如前所述，单个神经元不存储记忆，记忆是由神经元网络共同编码的。即使大脑中只有一部分神经元参与记忆，但这些神经元的数量非常之多，并且每个神经元都可以参与许多神经网络，这使得神经元组成网络的组合数量达到了天文数字，且每个网络都可能编码不同的记忆。据此推算，人类大脑的最大记忆容量远远大于我们估计的容量。总体结果是，研究人员尚无法测量，甚至无法提供一个合理的人类大脑最大信息容量估计值[⊖]。

然而出于实际目的，人类大脑在某个时刻的最大信息容量是多少并不重要，因为大脑不像数字计算机那样存储信息。新记忆会从旧记忆中"偷走"神经元（Eagleman，2015）。新经历从来都不是全新的，它与以前的经历共享特征，因此它激活的网络与编码那些旧经历的网络共享神经元。随着时间的推移，新的记忆会通过重复的经历或练习而增强，而相关的旧记忆会丢失细节——研究人员称旧记忆会失去清晰度。

例如，如果你几个月或几年都见不到某个你认识的人，你对他的面孔的记忆就会慢慢失去细节，即特征。因为大脑会重复使用一些对记忆进行编码的神经元，这些神经元将对

⊖ 最接近的研究人员是 Landauer(1986) ，他根据人类的平均学习速率来计算平均一个人一生中可以学习的信息量：10^9bit，即几百兆字节。与今天的计算机、手机和闪存驱动器相比，这并不多。

新的面孔记忆进行编码。同样，当你学习使用一个新的计算机或智能手机应用程序时，如果不练习使用它们，就会忘记使用相关应用程序的细节。套用一句老话："旧的记忆不会消失，它们只是丢失了细节。"

总之，几乎所有我们曾经经历过的事情都存储在长时记忆中，但是细节程度不同，每个记忆的细节都可以随着练习而强化，随着停用而弱化。

7.5.1　容易出错

长时记忆并不是对我们的经历准确、高清晰度的记录。用计算机工程师所熟悉的术语来说，我们可以将长时记忆描述为会丢弃大量信息的压缩方法。图像、概念、事件、感觉、动作都被简化为特征的组合。不同的记忆以不同的细节层次存储，即具有更多或更少的特征。此外，人类大脑中的记忆可以通过提取过程来改变，也就是说，阅读记忆的同时会写入记忆。这与数字计算机中的内存非常不同，在数字计算机中读和写是截然不同的操作。

例如，假设你曾短暂见过一个对你来说并不重要的男性，他的面孔可能会被简单地存储为一张普通的、留着胡子的白人男性面孔，没有其他任何细节，整个面孔被简化为三个特征。如果稍后有人要求你描述这个人，你最多只能说他是一个"留着胡子的白人"。你无法从其他留着胡子的白人男性中认出他。相比之下，你对朋友的面孔的记忆则包含更多特征，这样就可以给出更详细的描述，并轻松认出他。尽管如此，它仍然是一组特征，而不是位图图像。

再举一个例子，我有一个清晰的童年记忆，那就是我记得自己被犁碾过并被严重割伤过。但我父亲却说这件事发生在我哥哥身上。我们中的一个人记错了。

在人机交互领域，Microsoft Word 用户可能会记得有一个插入页码的命令，但可能不记得该命令在哪个菜单中。当用户学习插入页码时，该特定特征可能尚未被记录。或者，菜单的位置特征已被记录，但当用户试图回忆如何插入页码时，它不会与记忆模式的其余部分一起被重新激活。

7.5.2　受情感影响

第 1 章曾描述过一只狗，它记得每次坐着家里的车回家时都会在自家前院看见一只猫。狗第一次见到猫的时候很兴奋，所以它对猫的记忆是强烈而生动的。

还有一个类似的人类例子，即成年人可能很容易对他入幼儿园的第一天有深刻的记忆，但对第十天却没有。第一天，他可能因为被父母单独留在学校而感到不安，而到了第十天，被单独留在学校不再是不寻常的事情了。

7.5.3 可追溯修改

假设当你和家人在航海旅行时，你看到了一头鲸鲨。多年以后，你和家人回忆这次旅行时，你可能记得看到了一头鲸鱼，而你家人可能记得看到了一头鲨鱼。对你们二人来说，长时记忆中的一些细节被删除了，因为它们不符合各自的概念。

有一个真实例子来自已故总统 Ronald Reagan。1983 年，在第一个总统任期内与犹太领导人会谈时，他谈到了二战期间在欧洲帮助犹太人从纳粹集中营中解救出来的经历。问题是，二战期间他从未去过欧洲。当他还是个演员的时候，他演过一部关于二战的电影，但完全是在好莱坞拍摄的。那个重要的细节已经从他的记忆中消失了。

长时记忆测试

请通过回答以下问题来测试长时记忆：

1. 第 1 章中提到的工具箱里有一卷胶带吗？

2. 你以前的电话号码是多少？

3. 以下哪些单词不在本章的工作记忆测试列表中：city、stream、torn、auto、twine 和 spade？

4. 你一年级、二年级、三年级的老师分别叫什么名字？

5. 本章讲述的哪个网站在显示搜索结果时不显示搜索词？

关于问题 3：当单词被记住时，通常被保留的是概念而非所呈现的确切单词，例如，人们听到 "town" 这个词，然后回忆时把它记作 "city"。

7.6 长时记忆特点对用户界面设计的影响

长时记忆的特点主要意味着人们需要借助工具来增强它。自史前时代以来，人们就发明了各种技术来帮助他们长时间地记住一些事情，例如用棍子刻槽、用绳子打结、使用记忆法、围绕着篝火口头复述故事和历史，以及借助文字、卷轴、书籍、数字系统、购物清单、核对表、电话簿、日志、会计账簿、烤箱定时器、计算机、便携式数字助理（Portable Digital Assistant，PDA）、在线共享日历等。

　　鉴于人类对增强记忆的工具的需求，很明显，软件设计者应该尝试提供满足这种需求的软件。至少设计人员应该避免设计给长时记忆增加负担的系统。然而，许多交互系统正是这样做的。

　　许多软件系统使用户的长时记忆负担增加的一项功能是身份验证。例如，几年前开发的一个 Web 应用程序告诉用户将其个人识别码（Personal Identification Number，PIN）更改为易于记忆的数字，但随后又强加了对数字规则的限制（见图 7.4）。写这些命令的人似乎已经意识到 PIN 要求的不合理性，因为最后提示用户将自己的 PIN 写下来。这样的命令并不介意写下 PIN 会带来安全风险，同时增加了另一项记忆任务：用户必须记住他们把写下的 PIN 藏在了哪里。

```
Instruction:

Change your PIN to a number that is easy
for you to remember.  A PIN can be 6-10
digits and cannot start with 0.
Your PIN must be numeric.


          New PIN:

Confirm New PIN:

Remember:  Please write down your PIN.
```

图 7.4　这些命令告诉用户创建一个易于记忆的 PIN，但对数字规则施加了限制

　　为了安全而加重人们长时记忆负担的另一个例子来自 United.com。要预订机票，游客必须进行注册。该网站要求用户从菜单中选择一个安全问题（见图 7.5）。如果网站拒绝你访问，且你无法回忆起问题的答案，该怎么办？如果你不记得童年时最喜欢的水果或蔬菜，也不记得在学校时最喜欢的科目，同时还不记得童年时家的颜色，或者其他问题的答案，又该怎么办？

　　这还不是长时记忆负担的全部。有些问题可能有不同的答案。要注册，他们必须选择一个问题，然后记住他们在 United.com 留下的答案？可能需要把它写在某个地方。当 United.com 问他们安全问题时，他们必须记住把答案放在了哪里。为什么不让用户创建一个他们可以轻松回忆起的安全问题和答案，而是要加重人们的记忆负担呢？

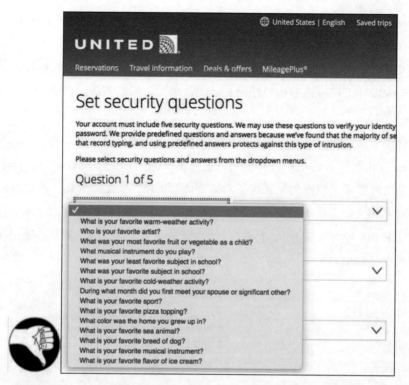

图 7.5　United.com 的注册（2019）会给长时记忆带来负担：对于任何安全问题用户可能都没有特别的、令人难忘的答案

这种对人们长时记忆不合理的要求抵消了基于计算机的应用程序本应提供的安全性和生产力（Schrage，2005），因为用户会：

- 把记有密码信息的便利贴贴在计算机上或计算机附近，或者"藏"在桌子抽屉里。
- 联系客服，恢复忘记的密码。
- 使用容易被别人猜到的密码。
- 设置完全没有登录要求的系统或使用相同的登录名和密码设置多个系统。

Networksolutions.com 的注册表格是迈向更有用的安全性的一小步。像 United.com 一样，它提供了可供选择的安全问题，但是它也允许用户自行创建安全问题，对于自行创建的问题，他们可以更容易地记住答案（见图 7.6）。

交互系统长时记忆特点的另一个影响是，用户界面的一致性可以增强学习和记忆的长时间保留。

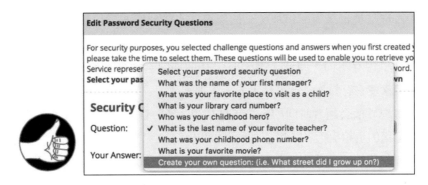

图 7.6　如果菜单上没有适合用户的问题，Networksolutions.com 允许他们自行创建安全问题

　　不同功能的操作越一致或者对不同类型对象的操作越一致，若用户需要学习的内容就越少。若用户界面有许多异常，并且功能之间或对象之间的一致性很差，则要求用户在其长时记忆中存储关于每个功能或对象的特征及其正确的使用情景。这样的用户界面需要对更多的特征进行编码，因而更难学习。而且，它还可能使用户的记忆在存储或提取过程中丢失基本特征，从而增加用户记不住、记错或出现其他记忆错误的可能性。

　　尽管有人批评一致性的概念定义不明确且不容易应用（Grudin，1989），但事实是，用户界面的一致性大大减轻了用户长时记忆的负担。马克·吐温（Mark Twain）曾经写道："如果你说实话，就不必记住任何事情。"也有人说："如果一切都按照同样的方式运作，就不必记太多东西。"我们将在第 11 章中探讨用户界面一致性的问题。

7.7　重要小结

- 人类的注意力和记忆有优势和劣势。通过了解这些优势和劣势，我们可以设计交互系统来支持和增强注意力和记忆力，而不是加重它们的负担。
- 对用户界面设计而言，最重要的短时记忆便是心理学家所说的"工作记忆"。它不是一个单独的记忆存储器，而是在给定时刻我们所关注的所有内容。工作记忆的容量（即我们可以同时处理的概念或者想法的数量）是 4±1。你可以把它想象成巨大仓库中的一组探照灯，它们照亮代表长时记忆的想法和概念。
- 工作记忆的容量非常有限，因此我们的注意力是高度集中的，且具有选择性。所以，我们会错过周围发生的大部分事情。
- 长时记忆记录我们的经历和想法。经历和想法触发大脑中基于特征的大型神经元模式。记忆被记录为一组神经元的组合，当受到感知或信息的刺激时，这些神经元倾向于协同工作。心理学家将长时记忆分为语义记忆、情景记忆和程序记忆。

■ 与计算机内存不同，阅读人类长时记忆的同时会改变记忆，它也受情感的影响。这些因素使它容易出错，容易丢失或添加细节。

■ 语音用户界面会随着时间的推移传播信息（瞬时性），因此它们比图形用户界面对短时记忆的负担更大。

■ 如果控件或用户操作在不同的情景中具有不同的效果，则用户界面具有模式。具有模式的用户界面要求用户记住系统处于什么功能状态，从而加重了工作记忆的负担。

■ 记忆力和注意力限制对用户界面设计的影响：

● 保持语音输出简短，以免用户的工作记忆负担过重。通过屏幕输出或指示灯增强语音输出可以减少对工作记忆的需求。

● 尽量避免模式化用户界面设计。

● 尽量减少页面或屏幕上的行动号召。避免相互冲突的行动号召。

● 不要期望人们长时间记住任意事实或程序。建议提供记忆辅助工具。

● 根据需要设计用户界面以吸引用户的注意力。

注意力的限制塑造思维和行动

当人们有目的地与其周边世界（包括计算机系统在内）进行交互时，他们行为的某些层面会遵循一些可预见的模式，其中部分模式是由有限的注意力和短时记忆容量造成的。而当交互系统被设计成用于识别和支持这些模式时，它们便更匹配人们的操作方式。因此，一些用户界面设计准则会直接基于这些模式制定，从而也间接基于短时记忆和注意力的限制。本章将描述以下七种重要模式。

8.1 专注于目标多于工具

正如第 7 章所述，我们的注意力容量极其有限。当人们进行一项任务，试图达成一个目标时，他们的大部分注意力会集中在和这一任务相关的目标和数据上。通常而言，人们不会在他们执行任务所使用的工具上投入太多注意力，不论使用的是计算机应用程序、在线服务还是交互设备。相反，人们只会从表面上思考自己的工具，并且只在必要的时候才思考。

当然，我们完全能够关注所使用的工具。然而，注意力（即短时记忆）的容量是有限的。当人们将其注意力集中到所使用的工具上时，它会从任务细节上移开。这种转移增加了下述情况发生的概率：用户可能忘记自己正在做的事情或他们已经做到了哪一步。

举个例子，假设你在修剪草坪，突然割草机停止运行，此时你会立即停下来，将注意力集中在割草机上。重启割草机变成了主要任务，而割草机本身就会变成焦点。你不会将很多注意力集中在重启割草机的工具上，就像当你在专注修整草坪时不会过多关注割草机一样。重启割草机并继续修剪草坪后，你很可能不记得之前修剪到哪里了，除非草坪自己能告诉你。

其他任务（例如阅读文档、测量桌子、数鱼缸里的金鱼）可能不会针对中断的任务和完成进度提供一个明确的提示。你可能不得不从头开始，甚至完全忘记之前正在做的事情，转而去做其他事情。

这也是为什么大部分软件设计准则指出，软件应用程序和大部分网站不应该让自身吸引太多注意力，它们应该淡入背景，使用户专注于自己的目标。这一设计准则甚至成为一本畅销网页设计书的标题：*Don't Make Me Think*（Krug，2014）。也就是说，如果软件或网站让你思考它而非正尝试做的事情，你就失去了目标。

8.2 更关注与目标相关的事情

第 1 章描述了当前目标是如何过滤感知并给感知带来偏差的。第 7 章讨论了注意力和记忆之间的联系。这一章将通过案例说明感知的过滤、偏差、注意力和记忆都紧密相关。

我们的周围充满了感知细节和事件。显然，我们无法注意并跟踪发生在我们身边的每一件事。然而，让大多数人感到惊讶的是，我们对周边事情的关注度极低。由于短时记忆容量非常有限，因此我们不会浪费这些资源。当事件发生时，我们关注并记住的少数细节通常都是那些对目标至关重要的部分。这可以通过两个相关的心理学现象进行解释：非注意盲视（inattentional blindness）和变化盲视（change blindness）。

8.2.1 非注意盲视

当我们的注意力被任务、目标或者情绪强烈占据时，有时会忽视我们本该关注和记住的周边物体和事件。这种现象已经过心理学家的深入研究，被称为非注意盲视（Simons & Chabris，1999；Simons，2007）。

一个实验清晰地展示了非注意盲视。该实验是让人类被试者观看两个篮球队打比赛的视频，同时要求他们数白衣球队传球的次数。在他们观看视频并数球被传递的次数时，视频中一个穿着大猩猩套装的人悠闲地走进了篮球场，拍打着胸脯，随后走出了视野（见

图 8.1）。之后，询问被试者记得视频中的哪些内容。令人吃惊的是，约有一半的被试者表示没注意到大猩猩。他们的注意力完全聚焦在了任务上（Simons & Chabris，1999）。

图 8.1　"看不见的大猩猩"研究中使用的视频场景（要了解更多该研究的信息以及观看视频，请访问 theinvisiblegorilla.com 网站）（图像由 Daniel Simons 提供）

8.2.2　变化盲视

研究人员展示目标强烈聚焦注意力和记忆的另一种方式是，向人们展示一张图片，然后给他们看同一张图的另一版本，并询问他们两张图的区别是什么。令人惊讶的是，第二张图和第一张的区别相当明显，但却没有人注意到。原因在于，人们的注意力主要集中在图中的其他特征而非变化的部分上，而且人类注意力一次只能跟踪少数特征。这是一种非注意盲视类型，但因其非常普遍，它也有自己名字：变化盲视（Angier，2008）。

请先看图 8.2，再看图 8.3。来回翻看几次。试着回答一下这两张图片有什么不同。

即时你注意到图 8.2 顶部的树枝在图 8.3 中消失了，你也可能没有注意到图 8.2 最左边的人在图 8.3 中消失了。这很可能是因为你的注意力已被地球仪、水、云、建筑等所吸引。

为了进一步探索，研究人员向人们提出了和第一张图片相关的问题，这会影响人们在观看图片时的目标，从而影响他们关注的特征。结果表明：相比于关注的目标而言，人们倾向于忽视图片特征中出现的变化。例如，如果我向你展示了图 8.2 并让你注意其中的人物，随后向你展示图 8.3，并询问你两张图有什么不同，你肯定就会注意到人物消失了。

一种实验显著地展示了变化盲视。在实验中，研究人员像迷路的游客般拿着城市地图向当地人问路。

图 8.2 先看这张图，随后看图 8.3。它们有什么区别?（来源：维基百科关于"变化盲视"的文章）

图 8.3 看完这张图，再看图 8.2。它们有什么区别?（来源：维基百科关于"变化盲视"的文章）

当当地人专注于游客的地图寻找最佳路线时，两名工人（实际是其他研究人员）抬着一扇大门从游客和当地人之间走过，随后另一名研究者（游客）替代了第一名"游客"。大门经过后，超过半数的当地人继续帮助"游客"而没有察觉到任何变化，即使两名"游客"的头发颜色和胡子并不相同（Simons & Levin，1998）。有些人甚至没有注意到"游客"性别的变化。研究人员解释道：人们将注意力集中在游客身上仅能够判断他是否构成威胁或值得帮助，在思想上只记录这个人是一个需要帮助的游客，随后便专注在地图和指路的任务上。

当人们与软件、电子设备或在线服务交互时，他们常常不会注意到显示屏上的重要变化。例如，在一项关于老年人使用旅行网站的研究中，一些参与者便表现出了变化盲视：当他们改变旅行选项（如出发日期或城市）时，却没有注意到价格的变化（Finn & Johnson，2013）（见图 8.4）。

遵循这一发现的用户界面设计准则是使重要的变化更加突出（突出到人们很难忽视），并逐步将用户的注意力吸引至变化上来。例如，将用户注意力吸引到一条新错误消息的方

图 8.4　*RoadScholar.org 的用户可能不会注意到，当他们修改旅行日期（底部中心）时，*
　　　　价格就会变化（中部靠右）

式是，当它首次出现时使之短暂地震动一下，或者在它转为"正常"形象之前使之短暂地高亮显示一下。

8.2.3　大脑中发生了什么

使用功能性磁共振成像和脑电图，研究人员针对注意力对我们大脑对于显示在计算机屏幕上的物体的反应的影响进行了探究。

当人们被动观看计算机屏幕上物体的出现、移动和消失过程时，他们大脑的视觉皮层会呈现一种特定的活动水平。当人们被告知要寻找（即专注于）特定物体时，他们视觉皮层的活动水平会显著提升。当他们被告知可忽视特定物体时，他们视觉皮层的神经活动水平又会在那些物体出现时显著下降。之后，他们对于自己看过和没有看过的物体的记忆，与他们投入的注意力程度和大脑活动水平相关（Gazzaley，2009）。

8.3　用外部记忆工具来辅助跟踪正在做的事情

因为短时记忆和注意力极其有限，所以我们学会了不去依赖它们。相反，我们对所处环境进行标记，以提示我们在任务中所处的位置。示例如下：

- **对物体计数**。如果可以，我们会将已完成计数的物体移动至另一边，以表明哪些物体是已经数过的。如果不能移动物体，我们会指向所数的最后一个物体。为了追踪数到的数字，我们通过手指、记号或者数字来进行记录。
- **阅读书籍**。当我们停止阅读时，我们会插入书签来标示我们正在读的书页。
- **算术**。在纸上进行算术运算，或者使用计算器进行算术运算。
- **清单**。我们使用清单来辅助强化长时记忆和短时记忆。对于关键任务或很少执行的任务，清单可以帮助我们记住需要完成的所有事项。这样一来，它们可以增强不完美的长时记忆。在执行任务时，我们勾选事项以表示完成。这便是一种短时记忆辅助工具。无法标记的清单是很难使用的，所以我们会复制一份清单，在副本上清单进行标记。
- **编辑文档**。人们通常会将尚未编辑、当前正在编辑和已经编辑过的文档放在不同的文件夹中。

这种模式体现了一种含义，即交互系统应该指出用户已完成和未完成的事项。大部分邮件和短信应用程序通过标记已读信息和未读信息来实现这一点，大多数网站通过标记已访问的链接和未访问的链接来实现，而很多应用程序则通过标记多线任务的完成步骤来实现（见图 8.5）。

图 8.5 MacOS 软件更新页面展示了哪些更新已完成（绿色勾选），哪些更新正在进行（旋转圆圈）

第二种含义是，交互系统应该支持用户通过标记或移动物体来显示哪些是已处理过的、哪些是还没有处理的。MacOS 使用户可以为文件分配颜色。正如在文件夹之间移动文件一样，这种技术可用于追踪任务的进度（见图 8.6）。

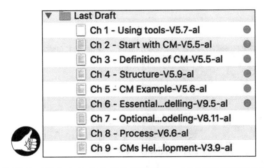

图 8.6 MacOS 使用户可以为文件或文件夹分配颜色，用户能够利用颜色来追踪任务进度

OK/Cancel.com 授权使用

8.4 跟随信息的"线索"，向目标行进

将注意力集中在与目标相关的事情上会促使我们以非常字面的方式解释我们在显示屏上看到或从电话菜单中听到的内容。人们不会深入思考指令、命令名、选项标签、图标、导航条目或其他基于计算机的工具的用户界面的任何维度。如果人们脑海中的目标是预订航班，则他们的注意力将被诸如"购买""航班""机票"或"预订"等词汇或描绘货币、机票、航班的符号所吸引。设计师或营销人员希望吸引顾客的其他条目（如"廉价酒店"）是不会吸引正试着预订航班的人的，尽管那些正在寻找便宜酒店的人可能会注意到它。

人们只会注意屏幕上与他们目标相匹配的事物，以及人们在计算机上执行任务时表现出的字面思考的这些倾向，被称为"跟随信息线索，向目标行进"（Chi et al., 2001；Nielsen，2003）。思考图 8.7 中所示 ATM 屏幕。当你尝试完成列出的每一项任务时，屏幕上首先引起你注意的是什么？

对于以下任务，屏幕上吸引你注意力的是什么？

- 支付账单；
- 转账到储蓄账户；
- 通过转账支付牙医费用；
- 更改个人识别码（PIN）；
- 开设新账户；
- 购买旅行支票。

图 8.7 ATM 屏幕——我们的注意力被吸引至与任务和目标相匹配的条目上

你可能注意到，其中一些任务最初会将你的注意力引至错误的选项。"通过转账支付牙医费用"应属于"支付"（PAYMENT）还是"转账"（TRANSFER）？"开设新账户"可能会迅速让你的目光聚焦到"开放式基金"（Open-End Fund）上，即使它实际在"其他服务"（OTHER SERVICE）下面。你会因为"购买旅行支票"任务和"申请支票簿"（REQUEST CHEQUE BOOK）包含共同词汇而瞥一眼"申请支票簿"吗？

这种跟随信息线索寻找目标的策略在很多情况和系统中都能观察到，说明交互系统应该设计得线索足够强，以真正引导用户实现他们的目标。为此，设计师需要在任务的每个决策点理解可能存在的用户目标，并确保软件中的每个选择节点都针对每一个重要的用户目标提供了选项，并能够清晰地标明哪一选项通往哪一目标。用这种方式分析软件非常有

用，这也被称为"认知漫游"（Wharton et al.，1994）。

　　例如，假设你想取消预订或计划中的账单付款。此时，你应告诉系统取消它，然后系统弹出一个确认对话框，询问你是否真的要取消。此时应该如何标记这些选项？考虑到人们跟随信息线索实现目标时会按字面意思解释单词，标准的确认按钮标签"OK"（表示"是"）和"Cancel"（表示"否"）会给人们带来误导性的信息。如果将 Marriott.com 和新西兰银行（Bank of New Zealand）的电子转账取消确认对话框进行比较，便会发现 Marriott.com 的标签提供了一种更明确的信息，而新西兰银行的按钮标签会误导用户点击错误的按钮（见图 8.8）。

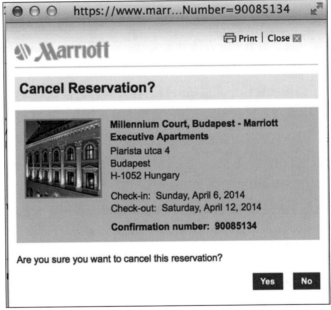

a）Marriott.com 取消预订的确认对话框的按钮标签提供了明确的信息
　　　"线索"，引导用户朝着他们的目标行进

b）新西兰银行的电子转账确认对话框的"OK"按钮会取消交易，"Cancel"
　　　按钮会取消取消操作，这种按钮标签并不能提供明确的信息"线索"

图 8.8　确认按钮标签示例

8.5　选择熟悉的路径

人们知道自己的注意力是有限的，因而只会采取适当的行为。在追求目标时，他们会尽可能选择熟悉的路径，而非探索新路径，尤其在有截止时限的情况下。正如在第 10 章中详细解释的那样，探索新路径是一种解决问题的方式，会严重消耗我们的注意力和短时记忆。相比之下，采用熟悉、经过学习的路径可以自动完成，不会消耗太多注意力和短时记忆。

许多年前，在一次可用性测试会议中，一名测试参与者在执行任务期间对我说：

> 我赶时间，所以我会用冗长的方式来完成。

他知道可能存在更有效率的方法来完成他正在做的事，他也知道学习那种方法需要花费时间并进行思考，而他不愿意这样做。

一旦学会了使用软件程序完成某一特定任务的方法，我们可能就会继续使用这种方法，且不会再去探索更有效的方法。即使发现或被告知有"更好的"方法，我们也可能坚持采用旧方法，因为它于我们而言更熟悉、舒适，更重要的是，不需要太多地去思考。在使用计算机时避免思考非常重要。人们更愿意多打些字而不愿进一步思考。

为什么会如此？因为我们在精神上太过懒惰吗？通常来说，是的。有意识的思考速度很缓慢，会对工作记忆造成负担，也会消耗很多能量。我们基本上是靠"电池"（即我们所吃的食物）运作的，因此节能是我们自身构造中的一个重要特征。通过自动过程运作速度非常快，不会对工作记忆造成负担，并且能够节省能量。因此，大脑会尽可能地尝试以自动化的方式运行（Kahneman，2011；Eagleman，2012，2015）。

人类偏好熟悉的、无须思考的路径和"无须费脑"的决策方式对交互系统有几个设计方面的影响：

- **有时无须思考的操作胜过多次按键**。对于那些只是偶尔使用的软件，比如银行自动取款机或家庭会计应用程序，让用户快速提升生产力并减少他们需要解决的问题比节省按键次数更为重要。这类软件使用频率不高，每个任务所需的按键次数并不会对用户造成太大影响。另外，经过高度训练的用户（如航空公司预订电话接线员）会在密集型工作环境中全天使用软件，其完成任务所需的不必要按键带来的成本非常高。

- **引导用户前往最佳路径**。从第一屏或主页开始，软件就应该向用户展示通向目标的路径。这基本上是一个指导准则，即软件应该提供清晰的信息线索。

■ **帮助有经验的用户加快速度**。在用户获得经验后，让他们轻松切换到更快的路径。如果对于新手而言存在更慢的路径，应该向用户展示更快的路径（如果有的话）。这就是大多数应用程序会在菜单栏中显示常用功能快捷键的原因。

8.6 思维循环：目标 − 执行 − 评估

在过去几十年中，研究人类行为的研究者发现了一个循环模式，该模式似乎能够适用于各种各样的活动。认知科学家 Don Norman（1988）将这一模式命名为"人类行动循环"：

■ 设定一个**目标**（如创建银行账户、制作晚餐或修订文档）。

■ 选择并**执行**行动，推进实现目标的进程。

    ● 将目标转化为一系列无序的任务（如制作主菜、制作沙拉、制作甜点）。

    ● 将任务按顺序排成行动序列（即计划），朝着目标推进。

    ● 执行行动序列。

■ **评估**行动是否达成——是否实现或更接近目标了。

    ● 检查执行行动序列的结果。

    ● 将结果与预期结果进行对比。

    ● 确定是否已实现或比之前更加接近目标。

■ **重复**以上步骤，直到目标达成（或看起来无法达成）。

人们不断循环这种模式（Card et al., 1983；Norman，1988）。事实上，在许多不同的层面，我们都在同时运用这个循环模式。例如，我们可能试着在文档中插入一张图片，这是完成学期论文这个高阶任务的一部分，又是通过历史课程这个更高阶任务的一部分，还是完成大学学业这个再高一阶任务的一部分，更是获得一份好工作这个进阶目标的一部分，只有实现它才能实现我们的终极目标——过上舒适的生活。

以在线购买机票为例，我们运用这个模式来完成一个典型的计算机任务。首先，用户设定了该任务的主要目标，然后将其拆分为似乎朝向目标推进的一系列行动。随后选择有希望的行动进行执行，执行完成后进行评估，以确定它们是否让用户更接近目标。

■ **目标**：使用喜欢的旅行网站购买飞往柏林的机票。

■ **步骤一**：打开旅行网站。此时，你离目标还很远。

- **步骤二**：搜索合适的航班。这是旅行网站上非常普遍且可预见的一步。
- **步骤三**：查看搜索结果。从列表中选择一个航班。如果结果列表中没有合适的航班，则回到步骤二，用新的条件搜索。你还没有达成目标，但你充满了信心。
- **步骤四**：前往结算页面。现在目标已触手可及。
- **步骤五**：确认航班详情。检查一下细节，它们都正确吗？如果不对，就返回；否则，继续下一步。你就快要完成了。
- **步骤六**：用信用卡购买机票。检查一下信用卡信息。一切都没问题吧？
- **步骤七**：保存或打印电子票。目标达成。将出发时间和日期添加到日历中。

为了保持机票示例的简洁，我们没有展开每一步骤的细节。如果展开，便可以看到子步骤也遵循相同的"目标 – 执行 – 评估"循环。

让我们看看另一个例子，这次我们会深入检查一些更高层级的步骤细节。该任务是给一位朋友送花。如果只看顶层，我们看到的任务是这样的：

给朋友送花。

如果我们想检查这个任务的"目标 – 执行 – 评估"循环，则必须稍微拆分一下。我们需要询问如何把花送给朋友。为此，我们将顶层任务拆分为子任务：

给朋友送花。
　　寻找一个寄送鲜花的网站。
　　为朋友订购鲜花并寄送。

在大多数情况下，刚刚识别的这两步已足够详细了。在执行每一步骤后，可以评估下是否距离目标更近了。但每个步骤又是如何执行的呢？为了解这一点，我们必须把每个主要步骤都视作一个子目标，并将其拆分成若干子步骤：

给朋友送花。
　　寻找一个寄送鲜花的网站。
　　　　打开网络浏览器。
　　　　进入网络搜索页面（如 Google）。
　　　　在搜索框中输入"鲜花寄送"。
　　　　浏览搜索结果的第一页。
　　　　访问列出的一些链接。

选择一个鲜花寄送服务。

为朋友订购鲜花并寄送。

查阅服务可提供的鲜花。

选择鲜花。

指定寄送地址和日期。

支付鲜花费用和运费。

在执行每个子步骤之后，评估下它是否会让我们更接近其所属的子目标。如果想了解子步骤是如何执行和评估的，则必须把它视为一个"子"子目标，并再次将它拆分为它的组成步骤：

给朋友送花。

寻找一个寄送鲜花的网站。

打开网络浏览器。

■ 点击任务栏、启动菜单或桌面上的浏览器图标。

进入网络搜索页面（如 Google）。

■ 如果搜索站点不是浏览器的起始页面，则从收藏夹列表中选择它。

■ 如果搜索站点不在收藏夹列表中，则将其地址（例如 Google.com）输入浏览器的地址栏。

在搜索框中输入"鲜花寄送"。

■ 在搜索框中设置文本输入光标点。

■ 输入文字。

■ 更正拼写。

访问列出的一些链接。

■ 将光标移动到链接上。

■ 单击链接。

■ 查看打开的网页。

选择一个鲜花寄送服务。

■ 在浏览器中输入所选服务的网址。

⋮

思路就是这样的。我们可以继续展开到每个按键和光标移动的细节层级，但实际上很少需要那么详细的层级就足够理解任务，并将软件设计为能够适应这些步骤且应用"目标－执行－评估"这一循环的产品。

软件该如何帮助用户进行"目标－执行－评估"的循环呢？有以下几种方式：

- **目标**。为软件所支持的用户目标提供清晰的路径，包括初始步骤。
- **执行**。软件的概念（对象和操作）应基于任务而不是实现（请参见第 11 章）。不要逼着用户费力弄清楚软件的对象和操作是如何对应到任务的对象和操作的。在选择节点提供清晰的信息线索，以引导用户前往目标。不要让他们选择看似会让他们偏离目标的操作。
- **评估**。提供反馈和状态信息，向用户展示他们的进度。允许用户撤销不能帮助他们达成目标的任务。

图 8.9a 展示了一个进度指示器，它清晰地反馈了用户在一系列步骤中的进度。图 8.9b 中的指示器更清楚地呈现了用户在序列中的位置。这两种设计都为循环中的评估部分提供了输入。顺便一提，你觉得图 8.9a 熟悉吗？是的，我们在第 4 章（见图 4.17）中见过它，你的大脑认了出来。

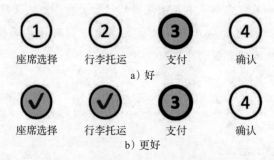

图 8.9 指标器会展示一系列步骤的进度

真实的进度指示器例子可在 Doodle 调度服务（doodle.com）和 Kaiser Permanente（kp.org）网站上看到。Doodle 的投票创建功能简单地呈现了用户在总步骤中所处的第几步（见图 8.10a）。这比没有任何指示要好，但更好的做法是像 kp.org 的预约功能一样可视化地展示步骤（见图 8.10b）。

即使距离目标的进度不能通过在预设定好的一系列步骤中的位置来衡量，设计师也可以提供反馈，帮助用户了解目前距离目标有多近。密码强度指示器就是一个很好的例子（见图 8.11）。

a）doodle.com

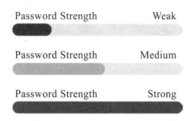

b）kp.org

图 8.10　移动端网站上的进度指示器

Password Strength　　　　Weak

Password Strength　　　　Medium

Password Strength　　　　Strong

图 8.11　密码强度指示器展示了用户距离其目标有多近

8.7　达成任务的主要目标后，我们通常会忘记清理步骤

"目标 – 执行 – 评估"循环与短时记忆有着强烈的相互作用。这种互动非常有意义，因为短时记忆在任何时刻都是注意力的焦点。这焦点的一部分便是我们当前的目标。其余的注意力资源都集中到获取当前目标所需的信息上。焦点随着任务的执行而转移，当前目标从高阶目标转移至低一阶目标，然后又回转到下一个高阶目标。

注意力是非常稀缺的资源。我们的大脑不会把精力浪费在任何不再重要的事情上。因此，当完成一项任务时，集中在该任务主要目标上的注意力资源就会被释放，重新聚焦于此时更为重要的事情上。我们的印象是，一旦实现了目标，与之相关的一切往往会立即从短时记忆中"消失"——也就是说，我们会把它忘了。

注意力转移的结果之一是，人们经常忘记对任务进行收尾。例如：

- 抵达目的地后忘记关闭汽车前大灯。
- 忘记从复印机和扫描仪中取走文件的最后几页。
- 使用完炉灶和烤箱后忘记关闭它们。
- 在输入带有括号、引号的文字后忘记添加闭括号和后引号。

- 在转弯后忘记关闭转向灯。
- 下飞机时忘记把他们在飞行途中读的书带走。
- 在使用完公共计算机后忘记登出账号。
- 在特殊模式下使用完设备和软件后，忘记将其恢复到正常模式。

这些任务结束时的短时记忆流失是完全可以预测和避免的。当它们发生在我们身上时，我们称自己"心不在焉"，但它们是大脑工作（或不工作）的方式与我们所用设备缺乏支持的结果。

为了避免这种"闭环失误"（closure slip）的记忆缺失（见第 15 章），交互系统可以并且应该被设计成提醒人们仍有待处理的事项。在某些情况下，系统甚至可能自己来完成任务。例如：

- 汽车在转弯后自动关闭转向灯。
- 汽车应当（现在确实如此）在不使用时自动关闭前大灯，至少应提醒司机大灯仍开着。
- 复印机和扫描仪在任务完成后应自动弹出所有文档，至少应提示有一页被遗留了下来。
- 当燃气在没有放锅的情况下持续打开超过一定的时间时，炉灶应发出提示信号。同样，当烤箱内没有东西却仍然开着时，也应发出信号。
- 如果用户在计算机完成后台任务（如保存文件或向打印机发送文档）之前尝试关闭电源或使其休眠，计算机应发出警告。
- 特殊软件模式应自动恢复到"正常"模式，可以像某些设备所做的那样设置超时，也可以使用弹簧模式的控件，其在处于非正常状态下时必须手动控制住，一旦释放就会自动恢复到正常状态（Johnson，1990）。

软件设计者应该考虑系统所支持的任务是否存在用户可能忘记的收尾动作，如果有，他们应该设计出能帮助用户记住或完全不需要用户记住这些动作的系统。更多关于减少闭环失误和其他用户错误可能性的设计方法，请参见第 15 章。

8.8 重要小结

当使用数字化工具和服务时，人们会进行以下操作：

- 由于工作记忆和注意力容量有限，我们应专注于自己的目标，而对使用的工具投入较少的关注。设计时也要让用户能够这样，使软件本身淡化到背景中。

- 当事物与目标相关时，我们会更加关注它们。如果某些事件、变化或物体与我们的目标无关，即使它们就在面前，我们往往也会忽略。

- 使用外部记忆工具来帮助我们追踪正在做的事情。设计软件来显示用户已经完成的事情。例如，标记访问过的链接、阅读过的消息和已完成的步骤等。

- 跟随信息"线索"，向目标行进。在设计数字化产品或服务时，分析用户可能的目标，对于每一个用户目标而言，确保每个页面或屏幕都包含线索，以指示哪些行动距该目标更近。

- 选择熟悉的路径。用户往往喜欢坚持自己熟悉的路径，因为他们通常更倾向于选择自动化操作。设计也要让用户能够在获得一些经验后形成自动化习惯。

- 通过不断循环的思维循环"目标 – 执行 – 评估"实现目标。设计应支持这种循环。

- 时常忘记收尾工作。用户界面应该在目标实现后提醒用户还有哪些事情没有完成。

第 9 章
CHAPTER

识别容易，回忆很难

第 7 章描述了长时记忆的优点和局限性以及对交互系统设计的影响。本章将进一步扩展这一讨论，描述长时记忆的两个功能（识别和回忆）之间的重要区别。

9.1　识别容易

经过数百万年的自然选择和进化，人类的大脑被"设计"成能够快速识别事物。相比之下，回想记忆（即在没有感知支持的情况下检索记忆）对于生存来说肯定不是那么关键，因为我们的大脑在这方面做得要差得多。

记住长时记忆是如何工作的（见第 7 章）：感知通过我们的感官系统进入，其信号在到达大脑时会引起复杂的神经活动模式。由感知产生的神经活动模式不仅取决于感知的特征，还取决于感知的情景。在类似的情景下，相似的感知会引起类似的神经活动模式。重复激活一个特定的神经模式会使该模式在未来更容易被重新激活。随着时间的推移，神经模式之间的联系发展到激活一个模式就能激活另一个模式。简单来说，每一种神经活动模式都构成了不同的记忆。

神经活动模式（也就是记忆）可以通过两种不同的方式被激活：

- 通过更多从感官进来的感知。
- 通过其他大脑活动。

如果一种感知与先前的感知相似，而且情景足够接近，那么它很容易刺激类似的神经活动模式，从而产生一种识别感。识别本质上是感知和长时记忆协同工作的产物。

因此，我们可以很快地评估形势。我们在东非大草原上的远祖们只有一两秒钟的时间决定高草丛中出现的动物是猎物，还是捕食者（见图 9.1）。他们的生存依赖于此。

图 9.1　远古人类必须迅速识别他们看到的动物是猎物还是掠食者

类似地，人们对人脸的识别也非常迅速，通常在几分之一秒内完成。直到现在，这一过程的工作原理仍然是一个谜。然而，当时科学家们认为识别是一个过程，在这个过程中，感知到的人脸被储存在单独的短时记忆中，并与长时记忆中的人脸进行比对。由于大脑识别人脸的速度非常快，认知科学家认为，大脑必须同时搜索长时记忆的许多部分，也就是计算机科学家所说的并行处理。然而，即使是大规模的并行搜索过程也不能解释人脸识别的惊人速度。

如今，感知和长时记忆被认为是密切相关的，这在一定程度上揭开了人脸识别速度的"神秘面纱"。感知到的人脸会以不同的模式刺激数百万个神经元的活动。构成该模式的单个神经元和神经元组对人脸的特定特征和感知人脸的情景做出反应。不同的人脸会刺激不同的神经反应模式。如果某人脸以前被感知过，那么其相应的神经模式就已经被激活了。

再次感知同一人脸会重新激活同样的神经活动模式，只是比以前更容易。这就是识别。无须搜索长时记忆，新的感知或多或少地重新激活了与之前相同的神经活动模式。模式的重新激活就是相应的长时记忆的重新激活。

用计算机术语来说，人类长时记忆中的信息是按其内容寻址的，但"寻址"这个词错误地暗示着每个记忆都位于大脑的一个特定位置。事实上，每个记忆都对应着一个延伸到大脑中广泛区域的神经活动模式。

这就解释了为什么当我们遇到以前没有见过的人脸并被问及是否熟悉时，我们不会花很长的时间去搜索记忆来查看那张脸是否存储在某个地方（见图 9.2）。这不需要进行搜索。新的面孔会刺激一种以前没有被激活的神经活动模式，所以我们不会产生熟悉感。当然，新面孔也可能与我们见过的面孔非常相像，以至于引发误识别，或者它们可能只是有些相像，以至于它激活的神经模式触发了我们熟悉的模式，导致新面孔让我们想起了我们认识的人。

图 9.2 你花了多长时间才意识到自己不认识这张脸？ ⊖

有趣的是，人脸识别是一种特殊的识别类型。它在我们的大脑中有自己的专用机制，这是由进化决定的，我们不需要学习识别人脸（Eagleman，2012，2015）。

类似的机制使我们的视觉系统能够快速识别复杂的图案，尽管与人脸识别不同，它们

⊖ 平均男性面孔（FaceResearch.org）。

主要是通过经验发展起来的，而不是与生俱来的。任何受过高中以上教育的人都能快速而轻松地识别欧洲地图和国际象棋棋盘（见图 9.3）。研究过国际象棋历史的国际象棋大师甚至可以认出这是 1986 年卡斯帕罗夫（Kasparov）对战卡尔波夫（Karpov）棋局。

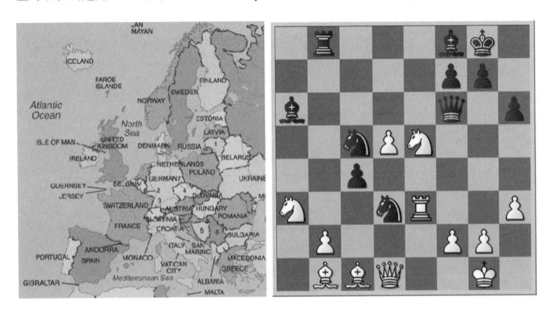

图 9.3　我们可以快速识别复杂的图案

9.2　回忆很难

相比之下，回忆是长时记忆在没有即时的类似感知输入的情况下重新激活旧的神经模式。这比用相同或类似的感知重新激活神经模式难得多。人们可以回忆起记忆，所以显然其他神经模式的活动或来自大脑其他区域的输入可以重新激活与记忆相对应的神经活动模式。然而，回忆记忆所需的协调和时机选择增加了错误模式或只有正确模式的一个子集被激活的可能性，从而导致回忆失败。

不管进化的原因是什么，我们的大脑并不是为了回忆事实而进化。许多学生不喜欢历史课，因为它要求他们记住一些事实，如英国《大宪章》的签署年份、阿根廷的首都和美国 50 个州的名称。他们不喜欢并不奇怪，人类的大脑并不适合这种任务。

因为人们不善于回忆，所以他们研发了一些方法和技术来帮助他们记住事实和程序

（见第 7 章）。古希腊的演说家用 oci 方法来记忆长篇演讲的要点。他们想象了一个大型建筑或广场，并在头脑中把他们的演讲要点放在周围的位置。当发表演讲时，他们在脑海中"走"过这些地方，在经过时"拿起"所需的演讲要点。

今天，我们更依赖外部的记忆辅助工具，而不是内部方法。现代的演讲者通常在纸上写下演讲要点，或用幻灯片或演示软件显示演讲要点，以此实现记忆。企业通过记账来记录其财务情况。为了记住朋友和亲戚的联系信息，我们使用通讯录。为了记住约会日期、生日、纪念日和其他事件，我们使用日历和闹钟。电子日历是记住约会日期的最佳方式，因为它们会主动提醒我们，我们可以不必记得看它们。

9.3　识别与回忆对用户界面设计的影响

我们认识事物比回忆事物相对容易，这是图形用户界面（Graphical User Interface，GUI）的基础（Johnson et al.，1989）。GUI 主要基于两个著名的用户界面设计准则：

- **看和选择（或听和选择）比回忆和输入更容易**。向用户展示选项，让他们选择，而不是强迫他们回忆选项并告诉计算机他们想要什么。这条准则是 GUI 几乎取代了个人计算机中的命令行用户界面（Command Line Interface，CLI）的原因（见图 9.4），而平板计算机和智能手机中则没有 CLI。"识别而非回忆"是 Nielsen 和 Molich（1990）在评估用户界面时广泛使用的启发式方法之一。相比之下，使用语言来控制软件应用程序有时会比 GUI 更具表现力和效率。因此，回忆和输入仍然是一种有用的方法，特别是在用户可以轻松回忆起输入内容的情况下，比如在搜索框中输入目标关键词时。

- **尽可能地使用图片来传递功能**。人们识别图片的速度非常快，这也刺激了对相关信息的回忆。由于这个原因，如今的用户界面经常通过图形来传达功能（见图 9.5 和图 9.6），如桌面或工具栏的图标、错误符号和用图形描述的选项。人们从现实世界中识别的图片是有用的，因为不需要教它们就可以被识别。只要熟悉的图片的含义与计算机系统中的预期含义相匹配，这种识别就是好的（Johnson，1987）。然而，使用现实世界中熟悉的图片并不是绝对的。如果图形设计得好，计算机用户可以学会将新的图标和符号本身就与它们的预期含义联系起来。令人难忘的图标和符号本身就暗示了它们的含义，能够与其他的图标和符号区分开来，并且即使在不同的应用程序中也能一致地表示相同的意思。

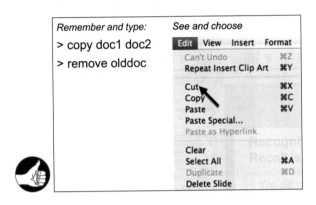

图 9.4　GUI 背后的主要设计规则："看和选择比回忆和输入更容易"

图 9.5　Wordpress.com 使用符号和文本标记仪表板上的功能页面

　　GUI 起源于 20 世纪 70 年代中期，在 20 世纪 80 年代和 90 年代得到广泛使用。从那时起，基于人类感知（特别是基于识别和回忆），出现了更多的设计准则。

9.3.1　使用缩略图来紧凑地描述全尺寸的图像

　　识别对显示物体和项目的大小相当不敏感。毕竟无论物体离我们有多远，我们都能识别。重要的是特征：只要新图片中存在与原始图片中相同的大部分特征，新的感知就会刺激相同的神经模式，从而实现识别。

　　因此，显示人们已经看过的图片的一个好方法就是将它们以缩略图的形式呈现出来。越是熟悉的图片，它的缩略图就可以越小，而且仍然可以辨认。显示缩略图而不是全尺寸的图片，可以让人们一次看到更多的选项、数据、历史等。

图 9.6 桌面图标通过与实物的类比或经验来传达功能

照片管理和演示应用程序使用缩略图来给用户提供图像或幻灯片的概览（见图 9.7）。网络浏览器使用网站徽标来显示用户经常访问的网站（见图 9.8）。

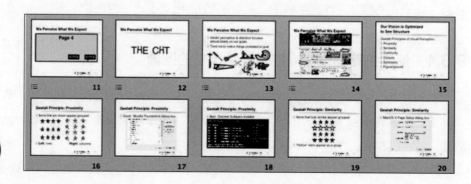

图 9.7 Microsoft PowerPoint 可以将幻灯片显示为缩略图，在识别的基础上提供概览

图 9.8　*Mozilla Firefox 网络浏览器列出了经常访问的网站的徽标，以便用户快速识别和选择*

9.3.2　使用某项功能的人数越多，它就应该越明显

由于前面描述的原因，回忆常常失败。如果软件应用程序隐藏了它的功能，并要求用户回忆该做什么，那么一定比例的用户无法做到。如果该软件有很多用户，那么无法回忆的用户比例即使很小，算起来也是一个相当大的数字。软件设计者显然不希望有大量的用户无法使用他们的产品。

解决办法是使许多人需要用到的功能高度可见，这样用户就能看到并识别选项，而不必去回忆它们。相比之下，很少人使用的功能可以被隐藏起来，特别是当这些少数人是非常熟悉软件用法的群体时，例如，隐藏在"详情"面板、右键菜单中或者特殊组合键后的功能。

9.3.3　提供提示，让用户能识别他们所在的位置

视觉识别是快速和可靠的，所以设计师可以使用视觉线索即时地显示用户的位置。例如，众所周知的网页设计准则是，网站的所有页面的视觉风格都应该保持统一，这样人们就可以很容易地分辨出他们是在这个网站上，还是已经到了另一个网站。网站视觉风格的

轻微但系统的变化可以向用户展示他们在网站的哪个位置。

一些桌面操作系统允许用户设置多个桌面（"房间"或"工作空间"）作为不同类别工作的位置。每个桌面都有自己的背景图形，以帮助用户识别他们所在的位置。

9.3.4 避免不必要地改变某个页面上突出的视觉线索，这可能会使用户迷失方向

由于视觉线索有助于指示用户在信息空间中所处的位置，视觉线索的外部变化可能会误导用户，让他们以为自己已经到了新的屏幕或页面。如果应用程序屏幕或网页上的突出图像或颜色在没有警告的情况下发生改变，一些用户（尤其是老年用户）可能会误以为自己在其他页面上（Finn & Johnson，2013；Johnson & Finn，2017）（见图 9.9）。

a)　　　　　　　　　　　　　　　　　b)

图 9.9　GrandCircleTravel.com 的主页有自动变化的大图片，导致一些用户（特别是老年用户）认为他们在其他页面上

9.3.5 使身份验证信息易于回忆

人们知道很难回忆起任意的事实、单词和字母或数字的序列。因此，他们经常把密码和验证问题的答案写下来，并把这些信息放在容易接触到的地方，这并不安全。或者他们基于孩子的名字缩写、出生日期、街道地址以及其他他们可以回忆起来的信息设置密码。不幸的是，这种密码往往很容易被其他人猜到（Schrage，2005）。设计师怎样才能帮助用户避免这种不安全的行为呢？

我们至少可以不让人们难以回忆起登录信息，就像第 7 章中提到的系统那样，施加烦琐的密码限制或提供有限的验证问题的选择。

相反，我们可以让用户自由地创建他们能够记住的密码，以及他们能够记住正确答案的验证问题。我们还可以让用户提供系统可以呈现给他们的密码提示，前提是用户可以设计提示作为他们的回忆探针，但不会向第三方鉴定密码。

不依赖用户回忆身份验证数据的身份验证方法似乎是一种解决方案。生物特征身份验证方法，如虹膜扫描、数字指纹扫描和语音识别，都属于这一类别。然而，许多人认为这些方法对隐私有威胁，因为它们需要收集和存储个体的生物特征数据，这就产生了信息泄露和滥用的可能性。因此，虽然生物特征身份验证不会对用户的记忆造成负担，但它的实施方式必须符合严格的隐私要求，才能被广泛接受。

9.4　重要小结

- 人类的大脑基本上是一个识别引擎。在类似的情景下，类似的感知会激活类似的神经活动模式，这就是识别。它发生得非常快，不是计算机科学家所认为的搜索。识别（或不识别）人脸的速度非常快。

- 回忆要求在原始刺激不存在时重新激活神经模式。因此，人们发明了一些方法和工具来帮助他们回忆信息，如写作、书籍、打印、日历、清单、闹钟、计算机、智能手机和幻灯片演示。

- 识别与回忆对用户界面设计的影响：
  - 看和选择（或听和选择）比回忆和输入更容易。设计时要让人们感知选择，而不是要求用户回忆选择。
  - 尽可能地使用图片来传达功能，如桌面图标、工具栏图标、错误符号等。
  - 使用缩略图紧凑地描述全尺寸的图像。一旦有人看过全尺寸的图片，缩略图通常足以引发他们的回忆。使用小的缩略图可以让人们一次看到更多的数据。
  - 使用某功能的人数越多，它就应该越明显。如果许多人都使用某个功能，那么它应该是高度可见的。如果只有少数训练有素的人使用某个功能，那么它可以被隐藏起来，让这些人通过额外的步骤来获得它。
  - 提供提示，让用户能识别他们所在的位置。避免不必要地改变某个页面上突出的视觉线索，这可能会使用户迷失方向。
  - 使身份验证信息易于回忆。不要强迫用户设置他们无法回忆起来的密码。针对管理、恢复和更改密码提供相应支持。可过渡到生物特征身份验证，但要保证用户的数据安全。

从经验中学习并付诸实践很容易，而创新行动、解决问题和计算很难

正如我们从第 9 章对识别和回忆的比较中所看到的，人类大脑在某些任务上表现不错，但在其他任务上表现不佳。在本章中，我们将比较大脑额外的几个功能，看看它所擅长和不擅长的领域，同时探讨如何设计计算机系统以更好地支持人类活动。但首先，让我们再多了解一下大脑和思维。

10.1　我们有两个"大脑"

人类大脑有许多组成部分。每个部分都由神经元和支持组织（神经胶质细胞、血管等）组成。这些部分在很大程度上相互连接、彼此作用，但每个部分都在发挥某种作用（有些情况下会发挥多重作用），以使我们成为一个能够完全运作的人类。人类大脑研究者会根据他们对大脑解剖学（物理结构）或生理学（功能）的兴趣对大脑各组成部分进行不同的划分，但就本书目标而言，我们将把人类大脑视为由两大主要部分组成："旧大脑"和"新大脑"。

10.1.1　旧大脑

之所以被称为"旧大脑"，是因为旧大脑的组成部分在数百万年前就已经进化出来了。其中大部分存在于如今的脊椎动物的祖先中：两栖动物、爬行动物、鸟类和哺乳动物[一]。构成旧大脑的部分有：

- **脑干**（brain stem）。它起始于脊髓进入颅骨的部分，由髓质、脑桥、中脑和网状结构组成。它调节自主行为：呼吸、心率和自动身体运动（如站立和行走）。脑干还调节来自身体脊髓的感觉输入，并将其传递到大脑的其他部位。
- **下丘脑**（hypothalamus）。其名称的意思是"在丘脑下方"。它调节饥饿、口渴、性行为和其他功能，并链接到脑垂体（内分泌系统的一部分）。
- **丘脑**（thalamus）。位于脑干顶部，它调节新大脑和脑干之间的双向通信，包括在我们睡觉时阻断感觉输入。
- **小脑**（cerebellum）。它之所以被叫作"小脑"，是因为它由脑干后方的两个皱巴巴的球状物组成。它的主要功能是协调自主运动，但也和情感、声音与纹理辨识以及学习有关（Bower & Parsons，2003）。
- **杏仁核**（amygdala）。它是位于脑干上方附近的两个杏仁状的神经元群。它与引起攻击和恐惧的事件的感知和记忆密切相关，可以帮助调节我们对此类事件的反应。
- **海马体**（hippocampus）。它是位于杏仁核后的两个角状体，环绕在丘脑周围。研究人员仍在探究海马体，但它的主要功能似乎是将我们的经验储存调节至长时记忆。

整体而言，旧大脑的主要作用似乎是管理自主行为——我们在无意识的情况下做的事情。然而，这是一种过于简化的说法，因为：①旧大脑的许多部分与新大脑相连，并帮助后者完成工作；②新大脑的某些部分也会管理自主行为。研究人员也在不断发现旧大脑每一部分的新功能[二]。

10.1.2　新大脑

之所以被称为"新大脑"是因为它在动物物种的进化过程中出现相对较晚。它的正式

　㊀　昆虫、蜘蛛、蠕虫和软体动物等无脊椎动物没有通常意义上的大脑。
　㊁　一些解剖学教科书将小脑、杏仁核和海马体归类为新大脑的一部分。

名称是大脑（cerebrum）。所有现代脊椎动物（即具有脊柱的动物）都有新大脑，但在鱼类、蜥蜴和鸟类中几乎没有发现它[⊖]。它只有在哺乳动物中才很明显。新大脑的组成部分包括：

- **大脑皮层**（cerebral cortex）。这是覆盖在大脑上的一层神经元，厚约 2～4 毫米。在低等哺乳动物（如老鼠）中，大脑皮层是光滑的；但在高等动物（如猿类、鲸类和人类）中，它是卷曲的，以允许大面积的皮层适应头骨内部。大脑皮层从中间分为左右两个半球，每个半球控制身体相对的一侧。每个半球由 4 个脑叶组成。从大脑后侧开始，**枕叶**（occipital lobe）的主要作用是处理视觉输入。**顶叶**（parietal lobe）（顶部后侧）处理触觉、温度和味觉，并将它们与视听输入融合在一起。**颞叶**（temporal lobe）（侧面）处理听觉和嗅觉输入，并将视觉与语言结合在一起（例如，将物体和面孔与它们的名称联系起来），有助于形成长时记忆。**额叶**（frontal lobe）发起和控制自主运动（小脑协调这些运动），处理短时记忆，并参与存储情景（episodic）长时记忆（如有关上次生日聚会或最近去博物馆的记忆）和语义（semantic）长时记忆（如"政府"一词的含义）。额叶的一个小区域——前额皮质，似乎与有意识的思考和决策相关，能够抑制不良行为并建立自我与他人的意识。
- **胼胝体**（corpus callosum）。其名称意为"硬实体"，是连接大脑左右半球的一条弯曲的神经元条。这似乎是它的主要作用——作为两个半球之间的主要通信渠道。
- **基底节**（basal ganglia）。这是一对蝌蚪状的神经元群，环绕于胼胝体和脑丘周围，每个半球都有一个。从功能上讲，基底节似乎参与了程序（procedural）长时记忆的形成，比如，如何系鞋带、骑车、演奏曲子或将应用程序的图标拖曳到回收站。

在包括人类在内的灵长类动物中，新大脑占据了大脑的大部分空间、重量和能量消耗。整体而言，人脑可以消耗摄入能量的 20% 左右，且大部分都是被新大脑使用的（Eagleman，2015）。

⊖ 鱼类、蜥蜴和鸟类曾经被认为没有新大脑结构，但现在人们认识到它们有新大脑结构（Dubuc，2012）。

10.2　我们有两种思维

认知心理学家认为人类思维由两种截然不同的"思维"构成：一种是无意识、自动的思维，主要在旧大脑和大部分新大脑中运作；一种是有意识的、受控的思维，主要在新大脑的额叶皮质中运作，具体是在被称为前额皮质的非常靠前的区域。心理学家通常将无意识、自动的思维称为"系统 1"（system one），因为它最先进化出来并且是感知和行为的主要控制器。他们将有意识、受控的思维称为"系统 2"（system two），因为：①它出现的时间较晚，也许就是过去几百万年内的事情；②它在控制人类感知和行为方面通常处于次要地位（Kahneman，2011）。

关于有意识、理性和受控的思维（系统 2）的一个值得关注的事实在于，它就是我们自己本身——我们的意识和自我认知所在。当然，系统 2 认为自己掌控着我们的行为。它认为自己掌控着一切，因为它是两个思维中唯一拥有意识和自我感知的部分。但事实上，系统 2 很少进行掌控（Kahneman，2011；Eagleman，2012，2015）。

系统 1（无意识、自动的思维）相比系统 2，运行速度快 10 到 100 倍，但它是通过直觉、猜测和捷径来实现的，这使得它所做的一切事情都是近似行为。例如，请思考以下数学问题［改编自（Kahneman，2011）］：

一个棒球和一个球棒共计 110 美元。球棒比棒球贵 100 美元。请问棒球多少钱？

系统 1 很可能会立即给出（即传给系统 2）答案：10 美元。也许系统 2 接受了这个答案。也许经过片刻思考后，它会拒绝这个答案。如果棒球的价格是 10 美元，球棒的价格比它多 100 美元（即 110 美元），那么它们的总价格将是 120 美元。但正如我们在开头说的那样，这两者加起来是 110 美元，所以棒球的价格不会是 10 美元。那么，正确的答案是多少呢？○你必须调动系统 2 来解决这个问题。

系统 1 很容易产生偏差。第 1 章中描述和说明的感知偏差就是系统 1 带来的。请看图 10.1。系统 1 看到的是越往右上方（在系统 1 的视角下朝向后方），狗变得越大，但实际上这些狗大小相同。即使系统 2 知道这点，也很难战胜系统 1 的偏差。

　○　正确答案是棒球价格为 5 美元。

图 10.1　三条狗大小相同，但汇聚的线条会使系统 1 产生偏差，而认为它们是按照三维排列并且是逐渐变大的

系统 1 还有几个其他特征：

- 当它遇到无法解决的问题时，它会将其替换成更简单的问题并进行解决。例如，准确回答"芦笋是一种受欢迎的蔬菜吗？"这个问题需要启动系统 2 进行调查或者查询并阅读调查结果才能回答，非常消耗时间和精力。而系统 1 则会直接忽略问题本身并快速转变为回答"我喜欢吃芦笋吗？"这个问题。
- 它只基于所感知到的信息进行判断，并不关心其他重要（可能有潜在冲突）的信息是否存在。如果没有呈现这类资料，它就视而不见。
- 它基于由系统 2 给出的目标和信念对感知到的信息进行过滤，不匹配这些目标和信念的信息，在抵达系统 2 之前就会被过滤掉。

我们都有系统 1 和系统 2[⊖]，但系统 2 常常很懒惰：它接受系统 1 给出的快速评估和判断，即使它们通常并不准确。为什么？首先，系统 1 的感知和判断很迅速，通常已足以让我们应对大多数情况。其次，运行系统 2 还需要有意识的思考和精神上的付出，而系统 1 始终在后台运行，不需要有意识的努力。最后，系统 2 的运行成本更高，它消耗的能量（卡路里）比系统 1 多，因此除非有特定需要，否则大脑一般都会避免激活它。系统 2 无论何时都会尽可能依赖自动过程（系统 1）（Eagleman，2015）。

那我们为什么要有系统 2 呢？正如其他动物的行为一样，人类行为也主要由无意识的

⊖　Kahneman（2011）指出，系统 1 和系统 2 之间的区别并不是科学事实，而是心理学家编造的类比，用以帮助解释人类认知的双重特征。事实更为复杂，它不在本书的讨论范围。

过程（即系统 1）驱动[○]。但是，完全自动化的大脑并不灵活：它不能在行动中途切换目标、及时调整对快速变化情况的反应，也不能在多个自动化反应都适用时解决它们之间的互相冲突问题。为了解决这个问题，人类和其他一些动物也拥有一个迷你且有意识的"CEO"程序，它可以监督和引导系统 1 的运行：设定高阶目标，执行精确计算，抑制不明智的行动等。通常情况下不那么需要它，所以它会处于"睡眠"状态。但在需要它的时候，它会被唤醒并尝试获取控制权，有时就会成功（Eagleman，2015）。

什么时候需要系统 2？当目标要求我们得到完全正确而不仅仅是大致正确的结果时，当我们处于系统 1 无法识别而没有自动反应的情况时，当系统 1 有多个相互冲突的反应并且没有快速简单的方法能解决冲突问题时，或当系统 1 即将让我们做一些长期对我们有害的事情时。

正因为系统 1 是人类感知和行为的主要控制器，而系统 2 只在必要时才会介入，所以人类思维并不是完全理性和有意识的——甚至并不主要基于理性和意识。当我们感知某个物体或事件时，两个系统都会有所反应并对我们的思维和行为做出贡献。由于系统 1 比系统 2 反应更快，我们有时会在系统 2 做出有意识的决定甚至意识到需要行动之前，直接基于系统 1 的指示行动。

10.3　从经验中学习很容易

人们很擅长从具体的经验和现象中归纳出结论。我们透过生活不断进行总结概括。

虽然学习的神经基础不像识别和回忆那样容易理解（Liang et al.，2007），但人们经常从经验中学习，且通常都是自动进行的。大多数人在获得必要的经验后，很容易习得以下教训：

- 远离豹子。
- 不要吃有异味的食物。
- 等一天再回复让你生气的电子邮件。
- 不要打开陌生发件人发来的附件。
- LinkedIn 很有用，但 Facebook 会浪费时间（或正好相反，具体取决于你的经验）。
- 在询问 Siri、Alexa、Cortana 或 Google Assistant 问题之前，先考虑如何表述问题。

○　大脑研究人员 David Eagleman 称它们为"僵尸"或"机器人"过程（Eagleman, 2012）。

实际上，从经验中学习并调整相应的行为并不需要我们意识到自己正在学习和调整。系统 1 可以独自完成这项任务，而不需要系统 2 参与。

例如，想象一下你在赌场里玩两台相邻的老虎机。你不知道的是，这两台机器被动了手脚，其中一台会比另一台更频繁地给玩家支付奖励。在玩了几百次之后，你就可能识别出"好"的那台机器。这是系统 2 在起作用。但是，如果测量你的皮肤电反应（Galvanic Skin Response，GSR，一种衡量焦虑程度的指标），便会发现，仅仅进行几十次试验，系统 1 就已经识别出了"坏"的那台机器：每当你伸手去触碰它时，你的 GSR 就会飙升。系统 1 甚至可能会让你开始回避那台老虎机，除非被你那尚不知情的系统 2 给压制住。

然而，我们从经验中学习的能力在很多方面都有限制。

第一，涉及许多变量或易受各种力量影响的复杂情况对于人们来说非常难预测、学习和归纳。例如：

- 即使在美国科罗拉多州的丹佛市居住了几十年的人，仍然难以预测那里的天气。
- 即使是经验丰富的股市投资者，也无法确定某一天哪些股票会上涨或下跌。
- 即使是经验丰富的网络工程师，也难以诊断某些网络瓶颈或者故障。

第二，我们自己或亲朋好友的亲身经历比我们所听到的经验更能影响最后的结论。例如，我们可能已经阅读且看过关于丰田普锐斯是一款好车的报告、消费者评论和统计数据，但如果我们的叔叔查理使用这款车时有过不好的经历，我们可能就会对它产生负面评价。之所以如此，是因为我们的系统 1 将家庭成员视为与我们相似的存在，因此对他们的信任度会超过数千个匿名汽车买家，尽管从理性角度来说，这些统计数据的确更加可靠（Weinschenk，2009；Kahneman，2011；Eagleman，2012，2015）。

第三，当人们犯错时（见第 15 章），他们并不总能从中得到教训。当他们意识到自己处于糟糕的境遇时，他们可能会因为没有记住自己最近的行为而无法将其处境与真实原因联系起来。

第四，人们在从经验中学习的过程中时常以偏概全，也就是说，会基于不完整的数据进行概括。如前所述，这是系统 1 的特点。例如，许多人认为天下乌鸦一般黑，因为他们见过的所有乌鸦都是黑色的。但实际上，有些乌鸦并非黑色（见图 10.2）。

但是，我们可以认为以偏概全并不是一个问题，它只是一个特征。很少有人能看全某件事的所有可能的案例。例如，一个人永远无法看全世界上所有的乌鸦，但在日常生活中（虽然并非出于科学研究），这一假设仍然有用，即他所看到的一部分乌鸦足以证明所有乌鸦都是黑色的。因此，以偏概全似乎是现实生活中人们必备的适应能力。主要是当我们以极端方式（例如基于少数或非典型的事例）以偏概全时，会使自己陷入麻烦。

　　a）非洲斑鸦（由 Thomas Schoch 拍摄）　　　b）美国俄亥俄州的白色（非白化）乌鸦

图 10.2　普遍认为所有乌鸦都为黑色的看法是错误的

　　例如，一些人可能会因为之前在使用一家公司的一个或多个应用程序时遇到过问题，就避免使用这家公司的所有应用程序，即使这家公司的其他应用程序可能都非常好。而且它可能已经对旧应用程序进行了改善，但一些老客户可能永远不知道它改善，因为他们已经以偏概全，不再考虑复购这家公司的任何产品。此外，这些客户还能通过在线评价、评论和博文分享他们以偏概全的看法，导致其他人也可能产生相同的偏见。如果一个人喜欢某家公司的产品，并在社交媒体上分享他们的热爱之情，这种以偏概全也可能对这家公司很有利。

　　从经验中学习的能力具有悠久的进化历史。没有大脑皮层的生物就能做到这一点。即使是昆虫、软体动物和蠕虫（它们没有旧大脑，只有几个神经元簇），也可以从经验中学习。但是，只有拥有大脑皮层的生物才能从他人的经验中学习⊖。有大脑皮层才能意识到自己可从经验中学习，只有拥有最大前额皮质的生物（可能只有人类），才能清楚表达出他们从经验中学到了什么。

　　总之，尽管我们从直接经验和他人经验中学习的能力有一定限制，但从经验中学习并进行概括对人类思维而言还是相对容易的。

10.4　执行已学的动作很容易

　　当我们去一个以前去过很多次的地方，或者做一些以前做过很多次的事情时，我们几乎不需要进行有意识的思考就能自动完成。路线、日常事务、食谱、程序、行为已经半自

　　⊖　有些鸟类可以通过观察其他鸟类来学习，所以很明显，即使是鸟类的大脑皮层很小也足够了。

动化或全自动化，此时我们主要使用系统 1。以下是一些例子：

- 经过多年练习后骑自行车。
- 第 300 次从车库倒车出来，开车去上班。
- 用乐器演奏已经演奏过数百次的曲目。
- 手指在触摸屏上滑动以进行滚动显示。
- 用网上银行应用程序进行交易。
- 检查电子邮件并回复其中一些消息。
- 在长期使用的手机上阅读并删除一条短信。

实际上，"自动化"是认知心理学家用来指代例行路径、熟练行为的术语（Schneider & Shiffrin，1977）。研究人员坚信，执行这种类型的行为对于有意识的认知资源消耗很少，甚至根本没有消耗，也就是说，它不受第 7 章所描述的注意力和短时记忆限制的影响。相比有意识的认知，它消耗的能量也相对较少（Eagleman，2015）。

自动化的活动甚至能与其他活动并行完成（通过系统 1）。因此，你能在打蛋时哼着熟悉的小曲并且用脚打着节拍，同时还依然放任有意识的思维（系统 2）关注孩子或者计划即将来临的假期。

如何让活动变得自动化？这和你去往卡耐基音乐厅的方法相同：练习练习再练习。通过练习活动将其"烙印"到系统 1 上，它就会变得越来越自动化。讽刺的是，人类作为一类物种，通常会把有意识、有目的、有计划的活动视作最高尚的活动，以证明其相对其他动物的"高级性"，然而我们大部分时间都在尝试将大部分所做的事情从系统 2 转移到系统 1，让自己无须思考就可以轻松完成这些动作。

10.5 执行新动作很难

当首次尝试开车时，每个动作都需要有意识地多加注意（即需要系统 2 参与）。是否挂在正确的挡位上？应该用哪只脚来踩油门踏板和刹车踏板？应该给每个踏板施加多大的力？现在踩的是哪个踏板？往哪个方向行驶？速度是多少？前面、后面、旁边有什么？应该查看哪些镜子？前面那条路是否通往目的地？"镜子中物体的实际距离比它们看上去的更近"是什么意思？仪表盘上闪烁的是什么灯？这些都需要你集中注意力去分析。

当开车过程的所有事情仍然需要有意识的关注时，全程面面俱到所需要的注意力远远超出了我们的注意力容量——记住，容量通常为 4±1（见第 7 章）。正在学习开车的人经常感到不知所措。这就是他们经常在停车场、公园、农村和安静的社区练车的原因，这样能够减少他们需要关注的事情。

经过长时间练习之后，开车相关的动作逐渐变得自动化。它们被系统 1 接管了，不再争夺人的注意力，从意识中隐退。我们甚至可能不会完全意识到正在执行这些动作。例如，你用哪只脚踩着油门踏板？为记起这件事，你可能需要稍微动一动脚尖。

同样，当音乐老师教学生演奏乐器时，他们不会让学生同时关注并控制演奏的每个方面。这会超出学生的注意力容量。相反，老师只会让学生将注意力集中在演奏的一两个方面上：正确的音符、节奏、音色、发音或节拍。只有当学生能够在不思考的情况下掌控演奏的某些方面之后，音乐老师才会要求他们同时掌控更多方面。

为了演示熟练（自动化的）任务与新手（受控制的）任务所需有意识注意力的差异，可以尝试：

- 背诵从 A 到 M 的所有字母，然后再背诵从 M 到 A 的所有字母。
- 按平时习惯的路线开车上班。在第二天，再沿不同的、不熟悉的路线去上班。
- 哼唱"Twinkle Twinkle，Little Star"第一小节的曲调。再倒过来哼。
- 使用标准的 12 键电话号盘输入电话号码。然后，再用计算机键盘顶部的数字键输入一次。
- 用计算机键盘输入你的全名。然后，交叉双手放在键盘上再输入一次。
- 用喜欢的视频通话应用程序安排一次在线视频通话。然后，再用从未使用过的视频通话应用程序再安排一次。

现实世界的大多数任务都由自动化部分和受控制部分组合而成。沿着习惯的路线开车去上班几乎都是自动化的，这使你可以将注意力集中在广播新闻或晚餐计划上。即使突然面临危险（如一辆车突然并入你所在的车道或一个小孩突然跑到你的车前），你的初始反应也是自动化的。但如果遇到了意料之外的路障或堵车情况，系统 2 就会被激活，注意力会被猛然拉回驾驶任务上——具体而言就是找到一条可替换的路线。

同样，如果使用通常使用的邮件程序查看邮件，那么你检索和查看邮件的方式会非常熟练且大部分都是自动化的，阅读文字亦然（见第 6 章），但所有新收到的邮件内容都是新的，因此需要你有意识地多加注意。但若你在度假期间进入一家酒店的商务中心，试着用陌生的计算机、操作系统或邮件程序来查看邮件，那么这些任务几乎无法自动进行，因此需要进行更多有意识的思考，花费更多的时间，也更容易出现错误。

当人们想要完成一些任务时，与在脑力上挑战自己相比，他们更倾向于使用自动化（至少半自动化）的方法来节省时间、精力和能量，降低犯错概率。如果你急着去接孩子放学，你会选择对你而言熟悉的路线，即使邻居昨天才告诉你一条更快的路线。记住那位用户可用性测试参与者所说的话（见第 8 章）：

> 我赶时间，所以我会用冗长的方式来完成。

那么，交互设计师如何使他们正在进行的任务更快、更容易且更不易出错呢？设计这些任务时，应考虑使它们可以被系统 1 自动处理，或者很快达成这种效果。如何做到这一点？第 11 章介绍了一些方法。

10.6 解决问题和计算很难

爬行动物、两栖动物和大多数鸟类在其所处的环境中只需要系统 1 就能很好地生存下来[⊖]。昆虫、蜘蛛和软体动物在其生存环境中所需能力甚至更少。没有大脑皮层的动物可以从经验中学习，但只能对其行为进行微小的调节。一旦我们理解了这些动物所处环境对它们的要求，会发现它们大部分的行为都是刻板、重复和可预测的（Simon，1969）。当所处环境只要求它们具备已可自动化完成的行为时，这可能也是一件好事情。

但是，如果环境突然发生变化，需要立即采取新的行动呢？如果生物遇到了前所未有并且再也不会遭遇的情况呢？简而言之，如果出现问题，该怎么办？对于这种情况，没有大脑皮层的生物无法应对。

拥有大脑皮层（新大脑）可以使生物不再仅依赖其本能的、反应式的、自动化且熟练的行为。在人类的大脑中，大脑皮层是人类意识推理的发生地（Monti et al.，2007）。在当前的认知理论中，这也是系统 2 所在的位置。一般而言，生物的大脑皮层（特别是前额叶）相对于其余部分越大，它就越有能力对所处情况进行即时解释和分析，并能够规划或找到应对策略和程序，从而执行这些策略和程序并跟踪其进度。

用计算机术语来表达就是，拥有系统 2 使我们有能力立即设计出程序，并且使之能够在模拟的、高度监控的模式下运行，而非在编译后模式或本地模式下运行。这本质上类似

⊖ 例如，火蜥蜴会选择装有 4 只果蝇的罐子而不是装有 2 只或 3 只果蝇的罐子（Sohn，2003）。

以下过程：遵循食谱烹饪、打桥牌、计算所得税、根据软件手册说明进行操作，或弄清楚播放视频时为什么计算机没有声音。

新大脑也可以制约冲动行为

新大脑（特别是额叶皮质）还具备抑制来自旧大脑的反射性和冲动性行为的作用，这些行为可能会妨碍新大脑执行其精心制定的计划（Sapolsky，2002）。当我们在地铁上闻到有臭味的人上车时，它会阻止我们跳下车，毕竟我们不得不准时到岗。当我们观看古典音乐会时，它会让我们静静地坐着，但当我们参加摇滚音乐会时，它可以让我们站起来高声欢呼。它有助于让我们避免冲突（通常情况下）。它试图阻止我们购买那辆红色跑车，因为守卫婚姻是比拥有跑车更高一阶的目标。当旧大脑被那些宣称"价值 1250 万美元的商业机会"的电子邮件所诱惑时，新大脑会阻止我们点击，并反馈"这是封垃圾邮件，不建议点击"的结果。

虽然拥有一个大型的新大脑能让我们在短时间内灵活地处理问题，但这种灵活性是有代价的。从经验中学习并执行熟练的动作非常容易，因为它们并不需要持续有意识地观察并集中注意力就能并行完成。相反，受控制的处理（包括解决问题和计算）就要求集中注意力并持续有意识地监控，执行起来相对更慢，只能串行（Schneider & Shiffrin，1977）。这样会对短时记忆造成了压力，因为执行给定程序所需要的所有信息块会彼此竞争，以获取有限的注意力资源。它需要有意识的脑力消耗，就像尝试从 M 到 A 背诵字母表时的情况一样。

用计算机术语来说，人类大脑只有一个串行的处理器，它用于模仿模式或者受控制的执行进程——系统 2。系统 2 严重受限于其临时存储容量，它的时钟速度比大脑高度并行的、编译后的自动处理（即系统 1）会慢一到两个数量级。

现代人类起源于 20 万年前到 5 万年前的早期人类，然而数字和数值计算直到公元前 3400 年左右才出现，当时位于美索不达米亚（现在的伊拉克）的人们发明并开始在商业中使用记数系统。那时，人类大脑的能力已经和如今的相差不大了。由于现代人的大脑在数值计算出现之前就进化了，因此它并没有针对计算而进行优化。

计算主要在系统 2（即大脑的受控制、受监控模式）中进行。它消耗了有限的注意力资源和短时记忆资源，所以当我们试着完全在脑海中进行计算时，会觉得很难。例外的是，有一些计算步骤可能已经被大脑记住了，所以可能可以自动运行。例如，479×832 的整个计算过程是受控制的，但若我们熟记九九乘法表，计算过程的一些子步骤可能就会自动化。

对于大多数人而言，只涉及一两个步骤的解决问题过程和计算过程很容易在脑海中处理。这些过程的某些步骤要么可被记住（自动化），要么不涉及太多信息或者所有相关信息都可以立马获取到（因此它们便不需要存在短时记忆中）。例如：

- $9 \times 10 = ?$
- 我需要把洗衣机从车库里移出去，但是车挡住了去路，车钥匙又在我口袋里。我该怎么办？
- 我女朋友有两个兄弟：Bob 和 Fred。我见过 Fred，在我面前的又不是 Fred，所以他肯定是 Bob。

然而，我们的大脑会竭尽全力解决需要系统 2 参与的问题，特别是那些超出了短时记忆极限、需要从长时记忆中检索某些特定信息，或者会遇到干扰的问题。例如：

- 我需要把洗衣机从车库中移出去，但是车挡住了去路，而车钥匙不在我的口袋里。那它们在哪里？……（搜寻车内）它们不在车里。也许我把它们放在夹克里了，我的夹克又在哪里？（搜寻房子，最终在卧室里找到了夹克，检查夹克口袋）找到钥匙了……天啊，这个卧室太乱了，我必须在太太回家之前把它打扫干净……呃，我为什么找车钥匙来着？（回到车库，看到洗衣机）哦，对了，是为了把车移开，这样就能把洗衣机从车库里移出去了。（中途的子目标从短时记忆中夺走了对更高阶目标的关注）
- 第 8 章提供了一些例子，其中的任务要求人们在达成主要目标后记住要完成清理步骤，例如，在复印机上复制完文件后记得取走最后一页。
- John 的猫不是黑色的，喜欢喝牛奶。Sue 的猫不是棕色的，不喜欢喝牛奶。Sam 的猫不是白色的，不喜欢喝牛奶。Mary 的猫不是黄色的，喜欢喝牛奶。有人找到了一只黄色的猫，并且它喜欢喝牛奶。那么，它是谁的猫？[⊖]（否定语句创造出的信息块远多于大多数人短时记忆一次可容纳的）
- 一个人建了一座有四面墙且墙都朝南的房子。一头熊路过。这头熊是什么颜色？（需要推理，并了解和检索与野生动物有关的特定事实）

⊖ 答案见本章末尾。

- 如果 5 名工人可以在 5 小时内组装 5 辆车，那么 100 名工人组装 100 辆车需要多长时间？（系统 1 提供了一个快速猜想让系统 2 倾向于采纳，但要找到正确答案需要拒绝那个猜想并真正启动系统 2 才行）

- Fred 喜欢经典汽车。他不太在意是否环保，但想降低油费。他用一辆 56 年的凯迪拉克（每加仑 12 英里[⊖]）换了一辆 57 年的雪佛兰（每加仑 14 英里）。Susan 是一位环保倡导者。她决定用丰田普锐斯（每加仑 40 英里）替换掉她的本田 Fit（每加仑 30 英里）。如果他们在接下来的一年里每人都开了 1 万英里，谁能节省最多的油？（和前一个问题相同）

- 你需要精确地量取 4 升水，但你只有一个 3 升瓶和一个 5 升瓶。你该怎么做？（需要启动系统 2 对一系列倒水动作进行心理模拟，直至找到正确的倒水顺序，这会对短时记忆造成压力，也许还会超出心理模拟的能力范围）

在解决这类问题时，人们常常使用外部记忆辅助工具，譬如记录中间结果、画示意图并操作问题模型。这些工具强化了我们有限的短时记忆和对问题要素操作的有限想象力。使用这些工具，我们将"思考"分散开来，将一部分转移到外部工具和方法上，在某些特定的认知方面，它们比我们的大脑更擅长。

如果问题解决和计算需要一些我们并不知道、无法设计或发现的认知策略、解决方法或者程序，那么它对我们而言也会非常困难。例如：

- 93.3 × 102.1=?（需要进行超出短时记忆容量的算术运算，因此必须借助计算器或纸笔进行。后者需要知道如何在纸上进行多位小数相乘）

- 农夫有牛和鸡，总共 30 只动物。这些动物一共有 74 条腿。农夫分别有多少只牛和鸡？（需要转化为两个等式并使用代数运算进行解答）

- 一位禅师蒙住了三名学生的眼睛，告诉学生们他会在每个人的额头上画一个红点或蓝点。实际上，他在这三名学生的额头上都画了一个红点。然后，他说："一分钟后，我会取下你们的眼罩。取下眼罩后，请你们互相看向对方，如果看到至少一个红点，请举手示意。然后，猜一猜你自己额头上的点是什么颜色。"然后，他取下了学生们的眼罩。三名学生互相看了一眼，随即他们都举了手。过了一分钟，其中一名学生说："我的点是红色的。"她怎么知道的？（需要使用反证法，这是逻辑和数学中的一种特殊方法）

⊖　1 加仑（美）≈3.785 升。1 英里 = 1609.344 米。——编辑注

■ 在计算机上播放 YouTube 视频，虽然你能看到人们在说话，却听不到声音。问题是出在视频、视频播放器、计算机、扬声器线缆还是扬声器上？（需要设计和执行一系列诊断测试，逐步缩小导致问题的可能原因范围，这需要计算机和电子学相关知识）

这些虚构的例子表明，解决问题和计算要求一些许多人都没有进行过的专门训练。下面用一些真实案例呈现了人们无法解决技术问题的情况，因为他们缺乏在技术问题领域进行有效诊断的培训经历，并且对学习如何解决这种问题并不感兴趣。

解决技术问题要求人们对技术有兴趣并参与过培训

软件工程师接受过系统性诊断问题的培训。他们的工作之一就是通过设计和执行一系列测试来逐步排除故障发生的可能原因，直到找到问题的根源。工程师通常会设计基于技术的产品，仿佛产品对应的目标用户和工程师一样具备诊断技术问题的精湛能力。然而，大多数非软件工程师的人群都没有接受过这种问题诊断的培训，因此无法进行有效诊断。以下是一些非技术人员面临无法自行解决的问题的真实案例：

■ 一位朋友想预订航班但没有成功，因为航空公司的网站不支持她完成。网站要求输入密码，但是她没有。于是她给一位软件工程师朋友打电话，工程师问了几个问题来了解她的情况。原来，网站默认她是她的丈夫，因为她丈夫之前用那台计算机购买过该航空公司的机票，所以网站需要他的登录名和密码。但是，她并不知道丈夫的密码，而且他又不在城里。于是，工程师便告诉她先退出该网站，然后以新客户的身份返回来创建她自己的账户。

■ 旧金山的 Freecycle Network 用了一个 Yahoo Group。一些人想要加入这个群组但失败了，因为他们不知道如何完成注册流程。因此，他们始终无法加入该群组。

■ 在一座教堂里，音频系统内两个舞台监控扬声器中的一个停止工作了。助理音乐总监认为其中一个扬声器已经坏了，并表示他会更换它。有位音乐家也是工程师，他不确定是否是扬声器的问题，因此他互换了两个监控扬声器的连接线。之后，"坏"扬声器工作了，而"好"的却又不行了，这说明问题不在扬声器。助理音乐总监便认为是其中一个扬声器的连接线有问题，说他会买条新的。在他购买之前，这位工程师兼音乐家又将连接到放大器左右声道输出口的监控连接线进行了交换，原本"坏"的扬声器再次没有声音。因此，问题在于监控放大器输出插孔的连接松动了。

即使人们知道如果他们付出努力，就能解决某个问题或进行某种计算，但有时他们并不这样做，因为他们觉得潜在回报不值得这样付出。这种反应非常普遍，尤其是当解决一个对工作或其他方面非必需的难题时。这里有一些真实案例：

- 旧金山 Freecycle Network 上有一篇帖子："免费赠送：Epson Stylus C86 打印机。它之前都还正常工作，后来突然无法识别满的新墨盒。不知道是墨盒还是打印机的问题，所以我买了一台新打印机，现在出让这台旧的。"
- Fred 和 Alice 是一对夫妻，分别为学校教师和护士，他们从不在家里的计算机安装或更新软件。他们不知道怎么操作，也不想知道。他们只用计算机附带的软件。即使计算机提示可对软件进行更新，他们也会忽略它。如果某个应用程序（如网页浏览器）因版本过旧而停止工作，他们就不再使用。实在不得已，他们会再购买一台新计算机。
- 一位 55 岁的美国女士有一部 iPhone。她用它来与在英国的成年儿子发短信、打视频通话，每天至少一次。她拍了一张照片想发给儿子，但不知道如何操作。一位朋友试图教她将照片添加到短信或电子邮件中，但她认为这太复杂了，说她会等到下次儿子回来时再把照片拿给他看。

这些例子中的非技术人员并不愚笨。大多数还拥有大学学位，是美国受教育水平前 30% 的人。有些人甚至接受过不同领域（如医学）的问题诊断培训。他们只是没有接受过要解决的技术问题领域的培训，并且也对此不感兴趣。

如前所述，人类认知不完全在我们的大脑中。它是分散式的，更准确地说，我们将认知分散了出去。在人类历史上，人们一直在使用环境中的物体（有时也做一些发明）来协助实现各种认知任务：记录，计算，以及解决问题。例如：

- 用树枝在地上、用笔在纸上或者用键盘在计算机屏幕上计数和记录；
- 发明算术运算和数学运算使我们能准确计算；
- 先发明字母和文字，随后依次发明印刷机及互联网和网页，更广泛地共享信息；
- 创建社交网络，促进人与人之间的交流⊖；

⊖ 有些人认为社交网络太方便交流了。

- 发明计算器和计算机工具来执行计算、支持决策，并解决那些人类无法轻松、可靠或准确搞定的问题；
- 设计软件应用程序，帮助人们完成特定任务。

使用外部工具来分散人类认知，可以使我们成为更高效的思考者，前提是这些工具经过了良好的设计。对于设计师来说，挑战在于要创造出真正支持和增强人类认知而不是妨碍或成为负担的数字产品和服务。

10.7 重要小结：对用户界面设计的影响

人们经常有意挑战和娱乐自己，通过创造或解答谜题来"锻炼"自己的思维（见图 10.3）。但是，这并不意味着人们会欣然接受由某人或某事强加给他们的费脑问题。人们有自己的目标。他们使用数字产品和服务来帮助自己实现这些目标。他们想且需要的是将注意力集中在这些目标上。交互系统以及它们的设计者应该尊重这一点，而不应通过给用户强加不想要的技术相关问题和目标来分散其注意力。

图 10.3　人们通过创造和解答考验我们智力的谜题来挑战自己

以下是一些关于计算机和网络服务强加给用户技术问题的案例：

- "它想要我的'会员 ID'。和我的'用户名'是一样的吗？肯定是。"（需要通过排除法进行推断）
- "什么？这个网站向我收取了全款！它都没有给我打折。现在该怎么办？"（需要回溯购买过程，尝试搞清楚出了什么问题）
- "我想让页码从 23 开始而不是从 1 开始，但我没有找到一个可以做到这点的命令。

我已经尝试了页面设置、文档布局和查看页眉和页脚等功能，但这些地方都没有。唯一剩下的就是这个插入页码的命令。但我不想插入页码——已经有页码了。我只是想更改页码的起始数字。"（需要有条理地搜索应用程序的菜单和对话框，找到更改起始页码的方法，如果找不到，就需要通过排除法来确定插入页码命令才是正确的方式）

- "嗯。这个复选框标记为'水平对齐图标'。我想知道如果我取消勾选它会发生什么？图标会竖向对齐，还是根本就不会对齐？"（需要将属性设置为 ON，看看会发生什么）

交互系统应尽量减少用户必须投入操作系统的注意力（Krug，2014），因为这会使用户有限的认知资源从其用计算机执行的任务上脱离开。以下是一些设计准则：

- **突显系统状态和用户迈向其目标的进展**。如果用户可以通过直接感知随时查询其所处状态，则使用系统就不会消耗他们的注意力和短时记忆。
- **引导用户达成其目标**。设计师可以通过确保每个选择节点都提供了清晰的信息"线索"来隐式地引导用户朝着他们的目标行进，或者使用向导（多步骤对话框）来显式地引导用户达成目标。不要只显示一堆看起来同等可能的选项，然后指望用户知道如何开始和抵达他们的目标，尤其在用户不经常执行任务的情况下。
- **明确且准确地告知用户他们需要知道的信息**。不要期望他们自己推断信息。不要要求他们通过排除法来解决问题。
- **不要让用户诊断系统问题**。例如，不应该由用户诊断出故障的网络连接问题。这种诊断需要经过技术培训才能进行，而这种培训大多数用户都没有接受过。
- **减少设置的数量和复杂度**。不要指望用户来优化很多相互作用的设置或参数。人们在这方面真的很不在行。
- **让人们利用感知而非计算能力**。一些看起来可能需要计算的问题其实可以通过图形呈现，这样就可以使人们通过快速的感知预估而非计算来实现目标（见第 12 章）。举一个简单的例子：假设你想定位到一篇文档的中间位置。20 世纪 80 年代的文档编辑软件会强制你查看文档有多少页，将页数除以 2，然后再发出命令以进入中间页码处。而当代的文档编辑软件则允许向下滚动，直到滚动条"电梯"位于中部。同样，在绘图工具中使用吸附网格和对齐参考，可以使用户在添加新元素时无须确定、匹配和计算现有图形元素的坐标。

- **设计熟悉的界面**。使用用户已经知道的概念、术语和图形，使系统尽可能对他们而言很熟悉，从而让用户少思考。即使系统提供了用户从未见过的功能，设计师也可以在一定程度上采用这种方法。第一种方式是遵循行业惯例和标准［例如（Apple Computer，2020；Microsoft Corporation，2018）］。第二种方式是使新软件应用程序的操作方式与用户之前使用过的旧软件的类似。第三种方式是基于隐喻进行设计，例如桌面隐喻（Johnson et al.，1989）。最后，设计师可以进行用户研究，以了解对他们而言什么是熟悉的，什么是不熟悉的。

- **设计一致性**。当软件在各种屏幕、页面和功能上的设计一致时，人们学习操作软件的速度更快。这不仅意味着视觉设计的一致性，还包括功能、任务流程和所需的用户操作（例如，按键或口令）的一致性。如果软件设计与他们使用过的类似软件一致，人们学习软件的速度也会更快。更多详细信息请参见第 12 章。

- **让计算机来做计算**。不要让人来计算计算机可以计算的事情（见图 10.4）。

33. List the names of **all of the employers** you worked for in the last 18 months, the dates you worked for each employer, the wages you earned from each, and how you were paid. Please also indicate the employer you worked for longest by selecting the radio button next to that employer. Help

Employer Name Help	From Date (mm/dd/yyyy)	To Date (mm/dd/yyyy)	Earnings	How Paid

34. Regarding the employer in question 33 that you indicated you worked for the longest, please answer the following:
34a. How long did you work for that employer?   Years ☐ Months ☐

图 10.4　美国加利福尼亚州的在线失业申请表格要求申请者输入计算机可自行计算出结果的数据

10.8　谜底

- 猫是 John 的。
- 熊是白色，因为要有四面都朝南的墙，这房子一定在北极。
- 5 个工人能在 5 小时内组装 5 辆车，所以 1 个工人能在 5 小时内组装 1 辆车，100 个工人能在 5 小时内组装 100 辆车［改编自（Kahneman，2011）］。

- Fred 将他的油耗从 833 加仑减到 714 加仑，节省了 119 加仑。Susan 将她的油耗从 333 加仑减少到 250 加仑，节省了 83 加仑［改编自（Kahneman，2011）］。

- 为了满足 4 升水的结果，先把 3 升瓶装满水，然后倒入 5 升瓶中，然后再次装满 3 升瓶并将其倒入 5 升瓶内。这样 3 升瓶中剩余 1 升水。将 5 升瓶的水倒掉，并将 3 升瓶中的 1 升水倒入 5 升瓶中。然后，再次装满 3 升瓶，将其倒入 5 升瓶中。

- 假设 A 代表牛的数量，B 代表鸡的数量。"农夫有牛和鸡，总共 30 只动物"可以转化为 $A + B = 30$。"这些动物一共有 74 条腿"可以转化为 $4A + 2B = 74$。计算 A 和 B 的值，得到 $A = 7$，$B = 23$，因此，农夫有 7 头牛和 23 只鸡。

- 这名学生看到有 3 只手举起，且其余两名学生额头都有一个红点。根据这些信息，她还不知道自己的点是红色还是蓝色。她一开始假设自己的点是蓝色的并进行等待。她推断其他学生会看到她的（假设的）蓝点和另一个人的红点，意识到需要两个红点才能让三人都举起手来，然后快速推断出他们自己的点肯定都是红色的。但一分钟后，其他学生都没答出来，于是这位学生知道其他学生无法确定他们的点是什么颜色，这意味着她自己的点不是蓝色，一定是红色。

第11章
CHAPTER

影响学习的诸多因素

第10章对比了系统1和系统2，前者是大脑用来进行熟知的活动，并做出快速判断的自动过程，后者是解决新问题、做出理性选择并进行计算的有意识的、高度受监控的、受控制的过程。自动过程（系统1）几乎不消耗短时记忆（注意力）资源，并且可以相互并行运行，而受控过程（系统2）对短时记忆的要求很高，并且一次只能运行一个（Schneider & Shiffrin，1977；Kahneman，2011；Eagleman，2012，2015）。

补充阅读：我们的大脑在不断地进行自我修复

大脑是如何学习的？最近的大脑研究发现，大脑不断适应新的情况和新的环境要求，主要方式是通过重新布线：以前独立放电的神经元变得相互连接，并一致或相反地放电，过去参与一种感知或行为的神经元被重新用于其他感知或行为。这就是所谓的大脑可塑性（Doidge，2007）。

40多年来，人们知道了婴儿的大脑具有高度的可塑性：在出生后的几个月内，一些随机的神经元集合发展成高度组织化的神经网络。然而，在核磁共振成像和类似的大脑观察方法出现之前，大脑在成年期的可塑性（即可重组性）程度是未知的。

> 大脑可塑性的一个例子是，盲人可以通过将摄像机连接到背部的一系列触觉刺激器来学会"看"。刺激器按照摄像机捕捉到的图像的模式刺激人的背部，对应图像的黑暗区域时振动，对应光亮区域时不振动。通过训练，这些研究的参与者能够阅读，感知三维场景，并识别物体。最初，他们认为这种刺激是背部的触觉模式，但过了一段时间，他们报告称这种刺激实际上能让他们"看"到事物。
>
> 大脑可塑性也体现在中风康复的新方法上。中风患者有时会失去身体一侧的手臂或腿的功能。传统上，恢复肢体的功能是很困难的——通常是不可能的——而中风患者往往会忽略坏肢体，依靠好肢体来弥补相应功能。但是，如今一些医生开始用石膏固定病人的好肢体，这实际上是在强迫病人多使用锻炼坏肢体。结果是正面的。显然，大脑给受伤的手臂重新分配了神经元，允许它再次发挥作用（Doidge，2007）。

我们第一次甚至前几次进行某项活动时，都是以高度控制和有意识的方式进行的，但随着练习，它变得更加自动化，比如削苹果、开车、玩球、骑自行车、阅读、演奏乐器和使用手机上的应用程序。即使是看起来需要我们多加关注的活动，比如把好的樱桃和坏的樱桃进行分类，也可以变得自动化，以至于我们可以把它作为一个背景任务来做，而将剩余的大量认知资源用于对话、看电视新闻等。

这种从受控过程到自动过程的转变给交互式应用程序、在线服务和电子设备的设计者提出了一个明显的问题：如何设计它们，以便在合理的时间内使它们的使用过程变得自动化？

本章将解释并演示影响人们学习使用交互系统的速度的因素。预览一下这些因素，我们将在以下情况下学得更快：

- 经常、有规律、精确地练习时；
- 操作以任务为中心、简单、一致时；
- 词汇以任务为中心、熟悉、一致时；
- 风险较低时。

11.1　当经常、有规律、精确地练习时，我们学习得更快

显然，练习有助于学习。下面是关于练习的一些知识。

11.1.1　练习的频率

如果人们很少使用某个交互系统（例如，每隔几周使用一次），他们就很难在下一次使用时记住使用方法的细节。但是，如果他们经常使用某个交互系统，那么他们的熟悉程度就会迅速提高。大多数用户界面设计者都很清楚这一点，因此，他们会根据人们使用它们的频率来设计不同的应用程序、设备和在线服务。

例如，银行自动取款机（ATM）就是基于这样一个假设设计的：人们在两次使用期间，不会记住很多细节。自动取款机应设计得简单，能提醒人们做什么，以及如何做。它提供一个简短的预期用户目标（例如，取款、存款、转账）列表，引导用户完成执行所选任务的各步骤。航空公司和酒店预订网站同样以任务为导向："告诉我你的目标，我将引导你实现它。"相比之下，文件编辑程序、电子日历、智能手机短信、空中交通管制系统和在线会计服务的设计理念是：人们每天甚至每分钟都在使用这些应用程序，应能够快速学习和记住使用方法的细节。

11.1.2　练习的规律

一项活动需要多长时间才能成为一种习惯？ Lally 和她的同事进行了一项研究来衡量这个问题（Lally et al.，2010）。他们让大约 100 名志愿参与者在至少 2 个月内，每天选择一项新的吃、喝或体育活动。他们对参与者进行了监测，并测量了新行为成为自动行为（也就是无须有意识地思考或努力就能执行）所需的时间。

他们发现，形成自动习惯需要 18 到 254 天，越复杂的活动需要的时间越多。他们还发现，如果定期练习（如每天），则习惯形成得更快。偶尔跳过一次练习并没有太大影响，但跳过很多次就会大大减慢参与者形成习惯的进度。

总之，如果想让用户习惯和自动地使用软件，那么设计它时应考虑鼓励人们经常使用它。

11.1.3　练习的精确性

无组织的神经元集合是嘈杂的，它们随机地放电，而不是以有组织的方式放电。当人们反复练习一种活动时，大脑会将神经元组织起来支持和控制这种活动：神经元网络被"训练"成协同放电。它们的放电变得更加系统化，不那么"嘈杂"。无论活动是感知活动（如识别一个单词）、运动活动（如滑雪）、认知活动（如计算数字），还是综合活动（如唱一首歌），都是如此。

一个人越是仔细和精确地练习某项活动，相应的神经网络的激活就越系统、越可预测。相反，粗心马虎地练习某项活动，支持的神经网络在某种程度上是混乱的（即有噪声），活动的执行就会马虎不精确（Doidge，2007）。

换言之，不精确地练习同一活动只会加强不精确性，因为控制它的神经网络仍然有噪声。要训练神经网络使活动精确，必须精确而仔细地练习，即使这需要在一开始慢慢地练习或者把活动分解成几部分。

如果效率和精确性对任务很重要，那么在设计支持软件及其文档时要做到：①帮助人们精确地使用（例如，通过提供指南和网格）；②鼓励人们有目的、仔细地使用它，而非心不在焉、马虎了事。以下将解释如何为用户提供清晰的概念模型。本章后面讨论的按键和手势的一致性也很重要。

11.2　当操作以任务为中心、简单、一致时，我们学习得更快

当使用工具（无论它是否基于计算机）来执行任务时，都必须将要做的事情转化为该工具提供的操作。例如：

- 假设你是天文学家，想把望远镜对准半人马座的阿尔法星。大多数望远镜并不能指定要观测的恒星。相反，你必须将这一目标转化为望远镜定位控制的操作方式—允许以垂直角度（方位角）和水平角度定位，甚至可能允许以望远镜现在的指向和你希望它指向的位置之间的相对角度定位。
- 假设你想给不在你手机联系人列表中的人打电话。要给这个人打电话，你必须得到这个人的电话号码并将其输入手机中。
- 假设你想使用通用的绘图程序为公司创建一张组织结构图。为了指示出组织、子组织和管理者，你必须在绘制方框后用组织和管理者的名字标记，并用线将它们连接起来。
- 假设你想对双面文件进行双面复印，但复印机只能进行单面复印。要进行复印，你必须先复印文件的一面，把这些复印件倒过来放回复印机的纸盘里，然后再复印文件的另一面。
- 假设你想问 Alexa 一个复杂的问题，比如已知最早的人类牙科工作的证据是什么。因为你不想浪费时间筛选不相关的结果——例如第一所牙科学校（1828 年）或第一次使用牙桥（公元前 700 年），所以你必须花一分钟时间思考如何更好地提出问

题。这并不轻松，因为你不知道 Alexa 知道什么，也就是说，针对 Alexa 的能力你只有一个薄弱的心智模型。

认知心理学家把工具使用者想要的和工具提供的操作之间的差距称为"执行鸿沟"（Norman & Draper，1986）。使用工具的人必须付出认知努力，把想要的东西转化为基于工具的可用操作的计划，反之亦然。这种认知努力可以把人的注意力从任务中拉出来，重新集中在工具的使用要求上。执行鸿沟越小，用户就越不需要考虑工具的操作要求，也就越能集中精力完成任务。因此，工具会更快地实现自动化。

缩小执行鸿沟的方法是设计工具来提供与用户所要做的事情相匹配的操作。以前面的例子为基础：

- 望远镜的控制系统可以有一个天体数据库，这样用户就可以简单地指向他们想要观察的天体，也许通过触摸屏控制即可指定。
- 带有联系人列表的手机允许用户简单地指定他们想要呼叫的人或组织，而不必首先将其转换为一个号码。
- 专用组织结构图编辑程序可以让用户简单地输入组织和管理者的名字，使用户不必创建方框并连接它们。
- 使用可以进行双面复印的复印机，用户只需在复印机的控制面板上选择双面复印选项即可。
- 人工智能数字助理（Alexa、Siri、Google Assistant、Cortana 等）可以与你展开对话，通过问你一些补充问题找出你真正想知道的，逐渐完善给出的答案。要做到这一点，它必须在几分钟内保持对话的语境。

要设计软件、服务和设备以提供与用户目标和任务相匹配的操作，设计者必须彻底了解该工具旨在支持的用户目标和任务。了解用户目标和任务需要三个步骤：

1. 进行任务分析。
2. 设计以任务为中心的概念模型，主要包括对象 / 操作分析。
3. 严格根据任务分析和概念模型设计用户界面。

11.2.1 任务分析

详细描述如何分析用户的目标和任务已经超出了本书的范围。关于这个问题可能需要一整章甚至一整本书来说明（Beyer & Holtzblatt，1997；Hackos & Redish，1998；

Johnson，2007）。好的任务分析应能够回答以下问题：

- 用户想使用该程序实现什么目标？
- 程序打算支持什么样的用户任务？
- 哪些任务是常见的，哪些是罕见的？
- 哪些任务是重要的，哪些是不重要的？
- 每项任务的步骤是什么？
- 每项任务的结果和输出是什么？
- 每项任务的信息从何而来？
- 每项任务产生的信息是如何使用的？
- 哪些人负责哪些任务？
- 每项任务使用什么工具？
- 人们在执行每项任务时有什么问题？哪些类型的错误是常见的？是什么原因造成的？错误的危害性有多大？
- 做这些任务的人使用什么术语？
- 做这些任务需要与其他人进行哪些沟通？
- 不同的任务是如何关联的？

11.2.2　概念模型

　　一旦这些问题得到了回答（通过观察或用户调研），下一步并不是开始勾画可能的用户界面。相反，下一步是为工具设计一个概念模型，重点关注用户的任务和目标（Johnson & Henderson，2002，2011，2013）。

　　应用程序或在线服务的概念模型是设计者希望用户理解的内容。通过使用这个系统、与其他用户交谈、阅读文档，用户在脑海中建立了如何使用它的心智模型。当设计师明确地设计一个清晰的概念模型作为开发过程的关键，然后基于此进行用户界面设计时，用户建立的心智模型应能够接近设计者的预期。

　　概念模型抽象地描述了用户可以用系统完成哪些任务，以及他们必须知道哪些概念才能完成这些任务。这些概念应该是从任务分析中得出的，这样概念模型就可以集中在任务领域上。它应该包括很少（最好是没有）让用户掌握的目标任务领域之外的概念。应用程序的概念和它打算支持的任务之间的映射越直接，用户需要做的翻译工作就越少，工具也就越容易学习。

　　除了关注用户的任务外，概念模型应该尽可能地简单。只要模型能提供必要的功能，让用户掌握的概念越少越好。少即是多，只要其中的内容符合用户的目标和任务即可。例如：

- 在待办事项列表应用程序中，用户是否需要能够为项目分配 1～10 的优先级，还是有两个优先级（即低和高）就足够了？
- 火车站的售票机是否需要能够提供该站所处线路以外的火车票？
- 在线购物网站是否需要同时给客户提供愿望清单和购物车？如果不需要，就把它们合并为一个概念。
- 语音控制数字助理（例如 Siri、Alexa、Google Assistant、Cortana）是否提供了一个可预测且易于理解的概念模型，它的操作对用户来说是否难以理解？例如，它试图像一个人一样但是失败了——它妨碍用户有效地预测它能做什么和不能做什么。不幸的是，如今的语音控制数字助理大多像后者（Budiu，2018；Budiu & Laubheimer，2018；Pearl，2018a，2018b）。

在大多数开发工作中，都存在增加额外功能的压力，以备用户需要。除非有相当多的证据表明有大量的潜在客户和用户会使用这些额外的功能，否则要顶住这种压力。为什么？因为增加每一个额外的概念都会增加软件的复杂性。它是用户必须要学习的又一件事。但事实上，这不仅仅是多了一件事。应用程序中的每个概念都会与其他概念进行交互，而这些交互会导致更多的复杂性。因此，随着概念被添加到应用程序中，应用程序的复杂性不仅呈线性增长，而且呈乘法增长。

关于概念模型更全面的讨论，包括在试图保持模型的简单和任务重点，同时提供所需的功能和灵活性方面出现的一些困难，请参见（Johnson & Henderson，2002，2011，2013）。

设计完以任务为中心、尽可能简单、尽可能一致的概念模型之后，就可以为它设计一个用户界面，最大限度地减少使应用程序自动化所需的时间和经历。

补充阅读：由于概念相似而导致的过度复杂性

有些软件应用程序很复杂，因为它们有功能重叠的概念。这里有两个真实的例子：

- 例 1　MacOS 有 3 个不同的笔记应用程序：桌面便利贴应用、桌面备忘应用，以及控制面板便签应用（见图 11.1）。Mac 用户很容易忘记他们在哪个应用中写了笔记。我甚至见过一些 Mac 用户没有意识到有多个笔记应用程序，他们找不到自己写的笔记，因为他们看错了应用程序。
- 例 2　一家房地产公司为想买房的人开发了一个网站。作为搜索房屋的第一步，用户必须明确搜索方法：

- "按地点"搜索：输入所需的邮政编码；
- "按地图"搜索：指向地图上的一个位置。

　　一项可用性测试发现，许多用户并不认为这些是寻找房屋的不同方法。对他们来说，这两种方法都是按地点进行的，只是在指定地点的方式上有所不同。测试结束后，这两个选项合并为一个，它同时包含地图地点字段和邮政编码字段。

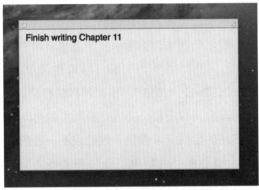

a）桌面便利贴应用

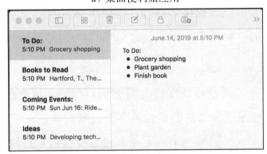

b）桌面备忘应用

c）控制面板便签应用

图 11.1　MacOS 中的三个笔记应用程序

11.2.3 一致性

交互系统的一致性直接影响着用户从受控的、有意识监控的、缓慢的操作到自动的、无监控的、更快的操作的学习速度（Schneider & Shiffrin，1977）。系统的不同功能的运行越可预测，它就越一致。在高度一致的系统中，特定功能的操作可以从它所属的类型中预测出来，人们能很快学会系统中的一切是如何运作的，并且很快就能习惯性地使用它。在不一致的系统中，用户无法预测它的不同功能是如何工作的，所以必须重新学习每一个功能，这就减缓了他们对整个系统的学习进程，迫使他们以一种非自动的（即受控的）、消耗注意力的方式继续使用它。从心理学角度来说，不一致的系统给用户带来了很高的认知负担。

设计师的目标是设计出一种以任务为中心、尽可能简单、尽可能一致的概念模型（Johnson & Henderson，2002，2011，2013）。根据这样的模型，我们可以设计一个用户界面，以最大限度地减少使用该应用程序自动完成任务所需的时间和经历。

交互系统至少在两个不同的层面上可以是一致的或不一致的：概念和按键。

概念层面的一致性是由概念模型的对象、操作和属性之间的映射决定的（见前文）。系统中的大多数对象是否具有相同的操作和属性？

按键层面的一致性是由概念操作和执行这些操作所需的物理动作或语音之间的映射决定的。是否每一种类型的所有概念操作都是由相同的物理动作启动和控制？

概念层面的一致性

如前所述，应用程序、网站或数字设备需要用户理解的概念的数量会影响其复杂性，即它是否容易学习。一般来说，系统的概念越多，就越难学。

影响数字系统学习和记忆的另一个因素是其概念模型的一致性。如果每个概念对象都有不同的操作和不同的设置（属性），那么它的用户就会发现这个系统很难学习和记忆。相反，如果系统中所有类型的概念对象都具有大致相同的操作和属性，那么只要学会了如何操作一种类型的对象，就可以知道如何操作其他类型的对象了。

例如，假设你的公司正在开发一个绘图应用程序，该应用程序提供了几个对象（形状），用户可以将其添加到所绘的图中。每个对象类型都是由不同的程序员实现的，他们彼此之间没有交流。所有对象类型的唯一共同操作是创建和删除（见表 11.1）。用户可以设置矩形、正方形、直线和文本框的线宽，但不能设置三角形、圆和椭圆的线宽。一旦放在屏幕上，所有形状都可以移动，但文本框不能。只有三角形和直线可以旋转。只有矩形和椭圆有一个用户可设置的填充颜色。诸如此类。

　　显然，这种不一致使得这个绘图软件很难学习。用户很难记住应用于每种类型对象的操作。即使用文档记录了每个对象可以做什么，用户也很难记住。用心理学的术语来说，这个应用程序的认知负荷可以近似为 $N_{objects} \times N_{actions}$，它是一个乘法函数，这意味着应用程序的复杂性随着功能（对象和操作）的增加而迅速增加（Rosenberg，2020）。

表 11.1　不一致概念模型的绘图应用程序的对象 – 操作矩阵

对象	操作		属性				
	创建	删除	线宽	线条颜色	填充颜色	移动	旋转
矩形	×	×	×	×	×	×	
正方形	×	×	×			×	
三角形	×	×		×		×	×
圆	×	×		×		×	
椭圆	×	×				×	
直线	×	×	×	×		×	×
文本框	×	×	×			×	

　　对于完全一致的设计，其中所有的操作都适用于所有对象（见表 11.2）。有了这种应用程序，一旦用户学会了如何处理一种类型的对象（例如矩形），他们就知道了如何处理其他类型的对象。一致的应用程序的认知负荷可以近似为 $N_{objects} + N_{actions}$，它是一个加法函数，这意味着应用程序的复杂性随着功能的增加而缓慢增加（Rosenberg，2020）。

表 11.2　高度一致的概念模型的绘图应用程序的对象 – 操作矩阵

对象	操作		属性				
	创建	删除	线宽	线条颜色	填充颜色	移动	旋转
矩形	×	×	×	×	×	×	×
正方形	×	×	×	×	×	×	×
三角形	×	×	×	×	×	×	×
圆	×	×	×	×	×	×	×
椭圆	×	×	×	×	×	×	×
直线	×	×	×	×	×	×	×
文本框	×	×	×	×	×	×	×

设计师可以进一步简化这个应用程序的概念模型，去掉单独的文本框对象，在所有形状上增加一个操作："添加文本容器"。

绘图应用程序的例子可能有些牵强，但许多真实的应用程序和网站都有不一致的概念模型。这种不一致在大型企业软件系统中很常见，这些系统往往包含遗留子系统，即从以前的系统中保留的组件和功能。例如，如果人事系统最初只管理全职和兼职雇员，但后来被扩展到还管理承包商和实习生，那么对于不同类型的员工用户的处理方式可能会有很大的不同，至少在旧软件被废弃和重写之前是这样。

另一概念不一致的例子如下。早期的航空公司预订网站提供了两种类型的航班，一种是用现金支付的，另一种是用飞行常客里程支付的。主航班搜索页面只能预订用现金支付的航班，要用里程数预订航班，必须登录网站并进入常客部分。如今，大多数航班预订网站都允许用户以同样的方式搜索所有的航班，用现金支付还是用里程来支付只是设置问题。

按键层面的一致性

在设计师为数字产品或服务设计了概念模型之后，就该设计用户界面的细节了。此时，第二种类型的一致性变得很重要：按键层面的一致性。

在决定交互系统的操作成为自动操作的速度方面，按键层面的一致性与概念层面的一致性一样重要。设计师的目标是增强用户对于操作的"肌肉记忆"，即让用户养成习惯。按键层面不一致的系统不会让用户迅速养成肌肉记忆的运动习惯。相反，它迫使用户有意识地猜测在每种情况下应该使用哪种按键，即便这些手势在不同情况下只是略有不同。此外，这也使得用户很可能犯错，意外地做一些非他们本意的事情（见第 15 章）。

要实现按键层面的一致性，需要对所有同一类型活动的物理动作进行标准化。例如，对于文本编辑活动类型，按键层面的一致性要求按键、指针移动和手势始终保持相同，而不考虑编辑文本的环境（文档、表单字段、文件名等）。其他类型的活动，例如打开文档、跟踪链接、从菜单中选择菜单项、从显示的选项中选择选项，以及点击按钮，也需要保持按键层面的一致性。

假设要在一个多媒体文档编辑器中，对"剪切"和"粘贴"的键盘快捷键进行三种设计。该文档编辑器支持创建包含文本、草图、表格、图像和视频的文档。在设计 A 中，无论正在编辑什么类型的内容，"剪切"和"粘贴"都有相同的两个键盘快捷键。在设计 B 中，"剪切"和"粘贴"的键盘快捷键在编辑每种类型的内容时都是不同的。在设计 C 中，除了视频，所有类型的内容编辑都有相同的"剪切"和"粘贴"键盘快捷键（见表 11.3）。

对象	设计 A		设计 B		设计 C	
	剪切	**粘贴**	**剪切**	**粘贴**	**剪切**	**粘贴**
文本	\<CTRL+X\>	\<CTRL+V\>	\<CTRL+X\>	\<CTRL+V\>	\<CTRL+X\>	\<CTRL+V\>
草图	\<CTRL+X\>	\<CTRL+V\>	\<CTRL+C\>	\<CTRL+P\>	\<CTRL+X\>	\<CTRL+V\>
表格	\<CTRL+X\>	\<CTRL+V\>	\<CTRL+Z\>	\<CTRL+Y\>	\<CTRL+X\>	\<CTRL+V\>
图像	\<CTRL+X\>	\<CTRL+V\>	\<CTRL+M\>	\<CTRL+N\>	\<CTRL+X\>	\<CTRL+V\>
视频	\<CTRL+X\>	\<CTRL+V\>	\<CTRL+Q\>	\<CTRL+R\>	\<CTRL+E\>	\<CTRL+R\>

表 11.3　文档编辑器三种键盘快捷键设计

第一个问题是：这些设计中哪一个最容易学习？很明显，是设计 A。

第二个问题是：哪种设计最难学习？这是一个较难回答的问题。我们很容易回答是设计 B，因为它似乎是三种设计中最不一致的。然而，答案取决于我们所说的"最难学习"指什么。如果我们所指的是"用户需要最多时间来提高工作效率的设计"，那答案当然就是设计 B。大多数用户需要花费很长时间，才能学习所有类型内容的所有"剪切"和"粘贴"键盘快捷键。但是，如果有足够的动力，人们的适应能力是非常强的。例如，如果他们的工作要求使用该软件，他们惊人的学习能力可以让他们学会任意事物。最终，也许在一个月后，用户会对设计 B 感到舒适甚至很高效。相比之下，可能只需要几分钟，设计 C 的用户几乎与设计 A 的用户同样变得高效。

但是，如果我们把"最难学习"解释为"用户需要花费最长的时间才能不出错的设计"，那答案就是设计 C。虽然设计 C 的用户能很快提高工作效率，但在至少几个月内（也许是永远），他们很容易犯针对视频使用 \<CTRL+X\> 和 \<CTRL+V\> 键盘快捷键这样的错误。

一致性对于学习要求手眼协调的活动极为重要，例如滚动、平移和缩放显示器，尤其是在触控屏幕上。如果这些动作需要用户在不同的情况（例如，对于不同的应用程序）下做出不同的手势，用户大脑中相应的神经网络将保持嘈杂，使用户无法自动（不进行有意识的思考）平移和滚动显示器。

例如，在运行 MacOS X[⊖] 的苹果 Macintosh 计算机上，平移和滚动通过在触控板上向所需的方向拖动两个手指来完成，而缩放则是通过展开或捏住两个手指来控制。但如果 Mac 用户正在使用谷歌地图呢？在左边列出搜索结果的竖栏（见图 11.2）中，滚动 / 平移列

　　⊖　在撰写本文时，MacOS X 的当前版本是 10.15（Catalina）。

表使用标准的 MacOS X 手势，即向上或向下滑动两根手指，而文字则通过展开或捏住两根手指进行缩放。但是在地图上，拖动两根手指不能使它平移，而是会缩放它。平移地图需要用一根手指向下点击触摸板并拖动它。在地图上展开或捏两根手指不会缩放它，而是缩放浏览器窗口的整个内容。不用说，这些不一致阻碍了滚动、平移和缩放成为自动操作。

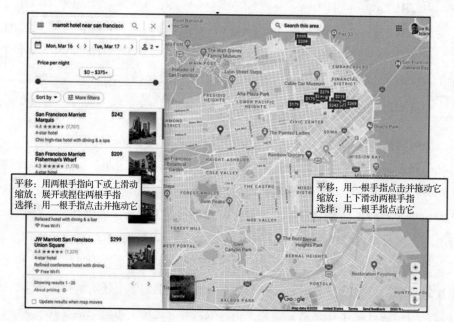

图 11.2　谷歌地图（2020 年）：不一致的手势阻碍了滚动、平移和缩放自动化

开发者提升按键层面一致性的常见方法是遵循外观与感觉标准。这些标准可以在样式指南中呈现，也可以内置于通用的用户界面构建工具和组件库中。整个行业都有样式指南，并且分别针对桌面软件（Apple Computer，2020；Microsoft Corporation，2018）和网页设计（Koyani et al.，2006）。理想情况下，公司还拥有内部样式指南，以加强行业样式指南，并针对自己的产品定义外观与感觉标准。

不管标准是如何被封装的，设计者应该在按键层面坚持标准，同时在概念和任务层面进行创新。作为设计者，我们真的不希望我们的软件用户需要在工作时不断地思考使用哪些按键操作，用户也不希望总是思考这些问题。

11.2.4　可预测性

如果数字系统是可预测的，人们就可以更快地学会使用它。例如，假设你操作一款地图应用程序搜索"意大利餐厅",它会显示你附近的意大利餐厅。一个小时后,再次搜索同样的事情,它会显示整个城市范围内的意大利餐厅。由于你无法预测这个地图应用程序如何根据查询确定结果范围,因此你可能需要相当长的时间来学习如何有效地使用这个应用程序。从心理学角度来看,这个应用程序的不可预测性使你很难建立一个预测性心智模型来理解它的工作方式。你甚至可能会放弃这个应用程序,寻找更好的替代品。相比之下,如果这个应用程序始终显示你附近的意大利餐厅,或者一直显示整个城市的意大利餐厅,你就很容易建立一个心智模型来预测它对你查询的响应,从而更快地学会使用它。

应用程序、在线服务或数字助理设计师应该基于既注重任务、简单、一致又可预测的概念模型来设计用户界面,从而帮助用户建立一个预测性心智模型。用户应该能够预测应用程序的行为。如果它们不可预测,则会显得神秘,人们很难学会使用它。如果有选择的话,人们可能选择不使用它。

当今基于人工智能技术的应用程序和在线服务(例如数字助理、智能音箱和推荐系统)可以做出惊人而有用的事情,但它们往往是不可预测且神秘的(Budiu,2018)。因此,很多人不信任它们,甚至避免使用它们。如果人工智能技术想被广泛接受,这种情况必须改变。人工智能研究人员必须想办法使基于人工智能的系统变得更加可预测,而不是像不可理解的"黑盒"一样运行。

11.3 当词汇以任务为中心、熟悉、一致时,我们学习得更快

确保应用程序、网络服务或设备向其用户展示一个小而一致且与任务相适应的概念集是很重要的一步,但这并不足以使人们学习交互系统所需的时间最小化。我们还必须确保词汇表(也就是所谓的概念)适合这项任务、熟悉、一致。

11.3.1 术语应该以任务为中心

就像交互系统中用户可见的概念应该以任务为中心一样,概念的名称也应该如此。通常,聚焦任务的概念术语来自设计师在任务分析中对用户进行的采访和观察。有时,软件需要向用户展示一个新的概念;对于设计师来说,面临的挑战是将这些概念及其名称聚焦于任务,而不是技术本身。

以下是交互系统术语不聚焦任务的例子:

- 一家公司开发了一款桌面软件应用程序,用于执行投资交易。该应用程序允许用

户创建和保存常见交易的模板。用户可以选择将模板保存在自己的个人计算机上，也可以选择将其保存在网络服务器上。保存在个人计算机上的模板是私有的，保存在服务器上的模板可供其他人访问。开发人员在服务器上使用"数据库"一词表示模板，因为它们保存在数据库中；在用户自己的个人计算机上使用"本地"一词，因为对他们来说这就是"本地"的。更加聚焦任务的术语应该是"共享"或"公共"（而不是"数据库"），以及"私有"（而不是"本地"）。

- iCasualties.org 提供了伊拉克和阿富汗战争中联军军事人员伤亡数字的最新统计数据。以前，它的主页开始时要求站点访问者选择一个"数据库"（见图 11.3a）。然而，访问该网站的用户并不关心或需要知道该网站的数据存储在多个数据库中。聚焦任务的指令将要求他们选择一个正在发生冲突的国家，而不是"数据库"。2020 年，该网站已修正了这个错误（见图 11.3b）。

a）修正前

b）修正后

图 11.3　iCasualties.org 在 2009 年使用不聚焦任务的术语"数据库"，在 2020 年这一点被修正了

11.3.2　术语应该是熟悉的

为了缩短人们掌握应用程序、网站或设备所需的时间，使使用它变得自动化或几乎自动化，请不要强迫他们学习全新的词汇。第 4 章提到熟悉的词汇更易于阅读和理解，因为它们可以被自动识别。不熟悉的词汇会导致人们使用更多的有意识的解码方法，这会消耗有限的短时记忆资源，从而降低人们的理解力。

不幸的是，许多基于计算机的产品和服务会向用户展示计算机工程的生疏术语（通常称为"极客语言"），并要求他们掌握这些术语（见图 11.4）。使用炉灶并不需要我们掌握关于天然气的压力和化学成分或关于电力生产和输送的术语。为什么在网上购物、分享照片或检查电子邮件时，就需要我们学习"极客语言"（例如"USB""TIFF""宽带"）？但在许多情况下，确实需要。

图 11.4　不熟悉的计算机术语（又称"极客语言"）会减慢学习速度，使用户感到沮丧

以下是交互系统使用生疏术语的例子：

- 一个开发团队正在为学校教师设计视频点播系统。该系统的目的是让教师能够查找他们学区提供的视频，下载它们并在教室中播放。最初，开发人员的计划是将视频组织成"类别"和"子类别"的层次结构。然而，对教师的访谈表明，教师通常使用"科目"和"单元"来组织教学内容，包括视频。如果系统使用开发人员的术语，使用它的教师将不得不学习"类别"意味着"科目"，而"子类别"意味着"单元"，这会使系统更难掌握。

- 移动电话服务提供商 SPRINT 向客户的手机发送软件更新公告。这些公告通常说明相应更新包含的新功能。SPRINT 的一个更新公告表示可以"在设置菜单中选择浅色和深色 UI 主题的选项"（见图 11.5）。大多数消费者不会知道 UI 是"用户界面"的缩写。即使他们知道，也可能不知道用户界面主题是什么，因为这是一个主要由软件设计师和开发人员使用的技术术语。

- Google 的 Android 移动设备操作系统有时会使用晦涩的技术术语或缩写来显示警告，如图 11.6 所示。几乎没有 Android 手机用户能理解这条消息。

- 美国航空公司的 AAdvantage 网站上的一个例子显示，除非设计师仔细审查和批准面向消费者的应用程序和网站所显示的所有文本，否则可能会混入技术术语。每个产品类别都有一个弹出式工具提示，用于解释单击该类别会发生什么（见图 11.7）。但是"对话"是一个软件设计术语。对大多数说英语的用户来说，它表示两个人之间的对话。

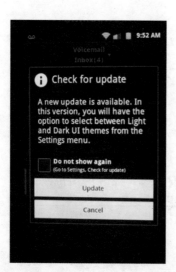

图 11.5　SPRINT 移动电话服务的更新公告使用了
计算机术语"UI 主题"(UI themes)

图 11.6　大多数手机用户无法理解 Android
手机上偶尔出现的消息

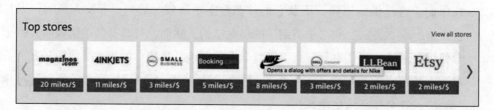

图 11.7　AAdvantage 网站显示一个弹出式工具提示消息，其中包括技术术语"对话"(dialog)

11.3.3　术语应保持一致

人们希望将认知资源集中在自己的目标和任务上，而不是用于正在使用的软件。他们只想完成他们的目标，对软件不感兴趣。他们只是表面地、非常字面地解释系统呈现的内容。他们有限的注意力资源应聚焦于他们的目标，如果他们正在寻找一个搜索功能，但当前屏幕或页面将此功能标记为"查询"，他们可能会错过它。因此，交互系统中的术语应最大限度地设计一致。

交互系统术语的一致性表现为每个概念有且仅有一个名称。用户界面和表单设计专家

Caroline Jarrett 总结了以下准则：

同一名称，同一事物；不同名称，不同事物。

这意味着术语和概念应该严格按 1∶1 的关系映射。永远不要对相同的概念使用不同的术语，也不要对不同的概念使用相同的术语。即使现实世界中存在模棱两可的术语，但它们在系统中也只表示一种含义。否则，系统将更难学习和记忆。

O'Reilly 在线书籍勘误报告表提供了对相同概念使用不同术语的例子。如果读者在未选择产品格式（Printed、PDF 或 ePub）的情况下提交表单，将会出现一个错误提示，告诉用户需要填写"Version"字段。表单将该字段标记为"Format of product where you found the error"，但错误提示将其标记为"Version"（见图 11.8）。这肯定会让用户感到困惑。

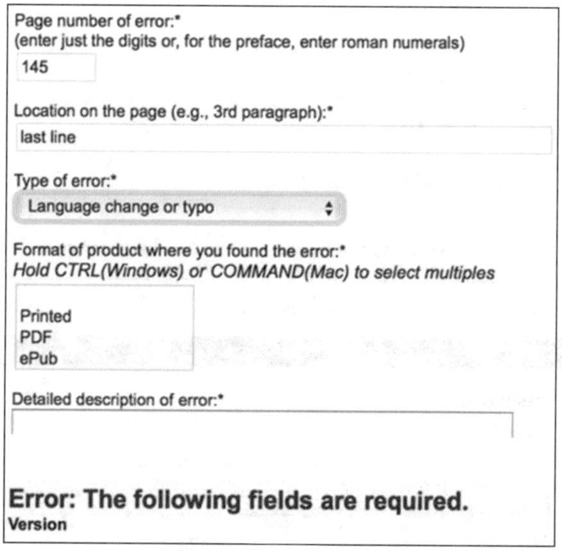

图 11.8　O'Reilly.com 上用于报告书籍错误的在线表单对同一个字段使用了两个不同的名称

WordPress.com 提供了一个相反的例子：对不同的概念使用相同的术语，也称为术语过载。WordPress.com 于 2009 年推出了一个用于管理博客的站点 Dashboard，其中包括组织为多个页面的监控和管理功能。问题在于，Dashboard（仪表板）中的第一个管理功能页面也被称为"Dashboard"，因此这个名称既指整个仪表板又指其中的一个页面（见图 11.9a）。这一定会让许多新博主在学习使用 WordPress.com 时感到困惑，他们需要发现并记住"Dashboard"有时是指整个管理区域，有时是指管理区域的 Dashboard 页面。这种"Dashboard"使用过载无疑是因为 WordPress 的早期版本只有一个包含少许功能的

Dashboard 页面，后来的版本在其中添加了许多功能，直到该页面的功能过多而不得不将其分成几个页面，于是将整套页面称为"Dashboard"（仪表板）。他们的设计错误是保留第一个页面的原始"Dashboard"名称。为了避免术语过载，他们所要做的就是为新的多页面仪表板中的第一个页面设计一个新名称。在 WordPress 的 2020 年博客管理站点中，他们确实将第一个页面名称改为了"Home"（见图 11.9b）。

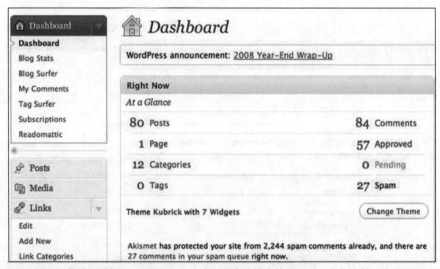

a）2009 年的网站用"Dashboard"来表示所有的博客管理页面和它们的第一个页面

b）2020 年的网站通过将第一个页面命名为"Home"来避免过载

图 11.9　WordPress.com

11.3.4 好的概念模型可以更轻松地开发以任务为中心、熟悉、一致的术语

好消息是，当我们进行任务分析并开发以任务为中心的概念模型时，也会得到目标用户群用来谈论任务的词汇。我们不用为应用程序中用户可见的概念编造新的术语，可以使用目标用户使用的术语。实际上，也不应该为这些概念指定新的名称，因为指定的名称可能是与任务领域不匹配的计算机技术概念⊖。

根据概念模型，软件开发团队应该创建产品词汇表。该词汇表提供了产品（包括其文档）向用户展示的每个对象、操作和属性的名称和定义。词汇表应将术语与概念进行 1∶1 的映射，不应将多个术语映射给单个概念，也不应将单个术语映射给多个概念。

词汇表中的术语应该来自软件支持的任务，而不是其技术实现，并且应该很好地融入用户的正常任务词汇，即便是新的词。通常情况下，技术作者、用户界面设计师、开发人员、管理人员和用户都会参与创建词汇表。

GUI 中有一些行业标准名称，它们相当于编程语言中的"关键字"。如果重新命名这些概念或给标准名称赋予新的含义，则会让用户感到困惑。其中一个保留术语是"select"（选择），它指的是点击对象以进行突出显示，并将其标记为将来要进行的操作的对象。在 GUI 中，单词"select"不应用于 GUI 中的任何其他用途（例如，将项目添加到列表或集合中）。其他保留的 GUI 术语有"click"（单击）、"press"（按压）、"drag"（拖动）、"button"（按钮）和"link"（链接）。

在软件、用户手册和营销材料中，要始终一致地使用产品词汇表，将其视为一个动态的文档。随着产品的发展，结合新的设计理解、功能变化、可用性测试结果和市场反馈，词汇表也随之做出相应的调整。

11.4 当风险较低时，我们会进行更多的探索和学习

假设你到一个外国城市出差，为期一两周，并且下班后和周末有空闲时间。比较以下两个城市：

- 这个城市出行容易，街道和地铁线路形成了一致的网格状布局，标志清晰易懂并且用你能理解的语言展示，当地居民和警察都会说你所说的语言，且会友好热情地帮助游客。

⊖ 除非是在设计软件开发工具。

■ 这个城市的布局复杂混乱，街道弯曲，标志不明显，少数街道和地铁标志用你看不懂的语言展示，当地居民不会说你所说的语言，通常对游客态度冷漠。

在哪个城市你更有可能出门探索？

大多数交互系统（如桌面软件、网络服务、电子设备）所具备的功能远远超过用户所需的功能。用户甚至不知道他们每天使用的软件或设备提供了那么多的功能，其中一个原因是害怕出错。

人都会犯错（见第 15 章），许多交互系统使用户很容易犯错，但却不允许用户纠正错误，或者纠正错误的代价或时间成本太高。当使用这样的系统时，用户的工作效率不会高，他们会浪费很多时间来纠正错误或从错误中恢复。

比对时间的影响更为重要的是它对练习和探索的影响。在高风险的系统中，人们容易犯错并且代价高昂，这会让人们望而却步。那些焦虑和害怕犯错的人会避免使用这种系统，而当他们使用系统时，往往会坚持使用熟悉且安全的路径和功能。

想象一下，如果演奏者犯错误时会被小提琴或小号轻微地电击，那么演奏者就会避免使用它们进行练习，并永远不会用它们来演奏新的、不熟悉的曲目。

当练习和探索受到阻碍时，学习会受到影响[⊖]。相比之下，在错误不易发生、犯错成本低且易于纠正的低风险系统中，用户没那么大压力，也更愿意练习和探索，从而加速学习。使用这样的系统，用户更愿意尝试新的路径。创建低风险环境意味着要做到以下几点：

■ 尽可能地防止发生错误。

■ 停用无效命令。

■ 清楚地告诉用户他们做了什么（例如错误地删除了一个段落），使错误容易被发现。

■ 允许用户轻松地撤销、扭转或纠正错误。

更多关于人们所犯的不同类型错误，以及如何帮助人们避免这些错误并从中恢复，请参见第 15 章。

11.5 渐进式披露和隐喻可以促进学习

渐进式披露是一种设计技术。它通过隐藏功能来促进学习，直到用户了解足够的内容且有所需要才披露（Johnson，2007）。这有点像在孩子学习保持平衡的过程中给自行车安

⊖ 练习的好处在本章前面已经描述过了。

装支撑轮。

　　在某些情况下，隐藏的控件和设置会在用户单击"详细信息"（Details）或"更多"（More）按钮时出现，例如 Microsoft Word 的打印控件（见图 11.10）。

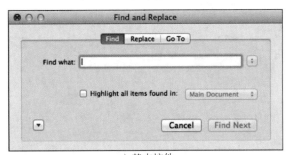

a）基本控件

b）详细控件

图 11.10　Microsoft Word 的打印控件采用渐进式披露

　　在其他情况下，控件和设置会保持隐藏或不活跃状态（灰色），直到用户操作或选择它们，例如图 11.11 中虚构的地图应用程序。

　　另一种促进学习的设计技术是隐喻：将用户界面设计成同用户已经知道使用方法的东西相似的样子，这样用户就可以将从其他事物中学习到的知识或方法迁移到新的用户界面（Johnson，2007）。数字系统中使用隐喻的例子有桌面、用于删除的回收站、文件夹以及屏幕上的手持计算器。交互式机器人和语音控制助理采用另一种隐喻：通过与人类相似的外观或声音，促使用户以类似于与人类交互的方式与它们交互。

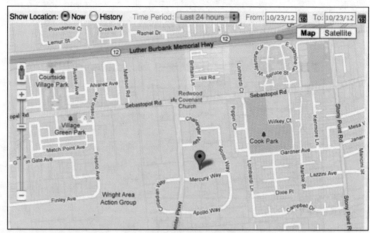

a）显示当前位置

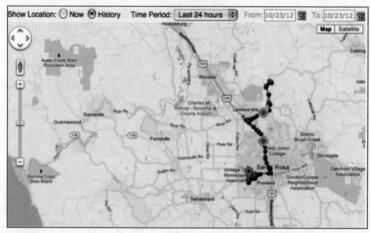

b）显示历史位置

图 11.11　地图应用程序保持历史控件不活跃，直到选择该控件

11.6　重要小结

■ 学习主要是将活动从受意识控制的处理转移到无意识的自动处理，大脑通过不断改变其神经回路来编码新知识和经验。

■ 当经常、有规律、精确地练习时，我们学习得更快。

■ 当系统的操作以任务为中心简单、一致时，我们学习得更快。这就要求将用户的目标与实现这些目标所需的操作之间的差距最小化。任务分析和概念模型可以帮助我们缩小这种差距。

■ 数字产品和服务的一致性和可预测性也有助于人们更快地学习。一致性在概念层面和按键层面都很重要。可预测性使用户能够建立操作应用程序或网站的心智模型。为了易于学习，基于人工智能技术的产品和服务必须是可预测的。

■ 当词汇以任务为中心、熟悉、一致时，我们学习得更快。设计师应避免向用户展示技术术语。应用程序、网站或设备的词汇应匹配任务领域，而不是数字领域。术语应 1∶1 映射到概念。请遵循这个口号："同一名称，同一事物；不同名称，不同事物。"

■ 人们在低风险的环境中学习得更快。帮助用户避免错误，并帮助他们从错误中恢复。

■ 通过使用渐进式披露和隐喻来帮助新用户学习。使用渐进式披露意味着隐藏或停用高级功能，直到用户需要它们。使用隐喻是指将用户界面设计成与用户已经知道使用方法的某些东西相似的样子。

人类决策很少是理性的

历史上，经济学和决策理论都基于这样的假设：决策是理性、自私的，并且随时间的推移保持稳定。然而，认知科学研究表明，这些属性中至少有两个——理性和稳定性——并非人类决策的属性（Kahneman，2011；Eagleman，2012，2015）。这些发现对经济学和决策理论产生了重要的影响。

第 10 章提到我们有两种独立的思维模式，心理学家称之为系统 1（自动的、无意识的、不受监控的、高度并行的、不理性的、近似的、快速的）和系统 2（受控的、有意识的、受监控的、单进程的、理性的、精确的、缓慢的）。尽管系统 2 认为它掌控着我们的思维和行动，但它只在必要时才会介入。它的主要作用包括：

- 推翻系统 1 快速粗糙且常有缺陷的判断；
- 当系统 1 不同的自动过程产生冲突结果时，处理这些冲突；
- 想办法应对系统 1 无法自动响应的新情况。

然而，系统 2 很懒⊖，它只会在必要时才进行干预（Eagleman，2015）。

⊖ 系统 2 也是个体差异的来源。一些人的系统 2 更加主动（Kahneman，2011；Eagleman，2012，2015）。

12.1　人们经常是不理性的

经典的经济学和决策理论主要基于人们在简单赌注中做抉择的研究。经济学家和决策科学家这样做是为了简化研究，就像一些生物学家为了理解更普遍的生物过程而研究果蝇、扁形虫和小白鼠一样。理性决策的一个基本公理是：如果你更喜欢 X 而不是 Y，那么你更倾向于 40% 赢得 X 的概率，而非 40% 赢得 Y 的概率。基于类似的基本公理，加上对人类的理性、自私和稳定偏好假设，经济学家和决策理论家得出了复杂的经济学和决策理论。这些理论对于计算人们和组织应该如何进行决策是有用的，但当预测人类实际如何做决策时，它们就是完全错的。

12.2　对我们而言，损失比收益更重要

如果你问人们他们选择有 50% 的概率赢得 100 美元还是直接选择一份价值 45 美元的礼物，大多数人会选择礼物。理性的决策者会选择赌注，因为它的预期价值是 50 美元[⊖]。但是对于系统 1（在我们意识到之前，实际做出大部分决策的是无意识过程）而言，这 50% 的概率最终可能什么都得不到，实在太可怕了。除非礼物价值远远低于赌注的预期价值，否则人们才会更愿意赌。有一个例外，对于职业赌徒，他们可能会选择赌注，因为他们知道经过许多这样的选择，他们肯定会获得胜利。系统 1 已经学会接纳存在风险但有利的赌注。

你还没被说服？那么，请想象这样一个例子：一个朋友根据抛硬币的结果提供给你一个赌注：正面朝上，他给你 150 美元；反面朝上，你给他 100 美元。你会接受这个赌注吗？虽然胜算在你这边，但研究表明，大多数人都不会接受这个赌注（Kahneman，2011）。他们害怕失去的痛苦大于获胜的喜悦。大部分人在有 2∶1 的胜算（正面朝上，赢 200 美元；反面朝上，输 100 美元）时，才会接受赌注。同样，职业赌徒不会这么避险，他们知道自己将参与很多次投注，所以只要胜算稍微对他们有利，即使输掉许多次赌注，最终也可能会获得整体的胜利。

此外，根据 Kahneman（2011）的说法，人们从损失中感受到的痛苦与损失的大小并

　　⊖　赌注的预期价值是可以赢得的金额乘以获胜概率——在这个例子中为 100 美元 ×0.5 = 50 美元。如果投注很多次，这就是平均每次可以获得的金额。

不成线性关系。例如，对于牧场主，失去 900 头牛的痛苦远不止失去 1000 头牛的痛苦的90%。

基于多年对人们在赌注和其他有风险的情况下如何做出决策的研究，Daniel Kahneman和他的同事 Amos Tversky 开发了一个 2×2 矩阵 [他们称之为 "四重模式"（fourfold pattern）]来总结他们理论的预测（见表 12.1）。该矩阵表明，当面临高概率的大收益（左上）或低概率的大损失（右下）时，我们倾向于安全稳妥的选择（即我们是风险规避型）；但当面临高概率的大损失（右上）或低概率的大收益（左下）时，我们更倾向于参与赌注（即我们是风险偏好型）。

表 12.1　四重模式：人类在面临风险时的选择预测		
	收益	损失
高概率	**赌注**：赢得 10 000 美元的概率很高（一无所获的概率很低） **非赌注选项**：获得 8000 美元（低于赌注的长期收益） ■ 害怕失去收益 ■ 人们是风险规避型 ■ 大多数人更倾向于 "安全" 的确定性收益	**赌注**：损失 10 000 美元的概率很高（毫不损失的概率很低） **非赌注选项**：损失 8000 美元（低于赌注的长期损失） ■ 希望避免损失 ■ 人们是风险偏好型 ■ 大多数人更倾向于参与赌注
低概率	**赌注**：赢得 10 000 美元的概率很低（一无所获的概率很高） **非赌注选项**：获得 2000 美元（高于赌注的长期收益） ■ 希望获得更大收益 ■ 人们是风险偏好型 ■ 大多数人更倾向于参与赌注	**赌注**：损失 10 000 美元的概率很低（毫不损失的概率很高） **非赌注选项**：损失 2000 美元（高于赌注的长期损失） ■ 害怕大量损失 ■ 人们是风险规避型 ■ 大多数人更倾向于 "安全" 的确定性损失

摘自：Kahneman, D., 2011. Thinking Fast and Slow. Farrar Straus and Giroux, New York.

四重模式可以预测人们面临风险时的行为——例如，我们愿意：

- 接受法律诉讼的和解协议；
- 购买保险（在没有要求的情况下）；
- 买彩票；
- 在赌场赌博。

12.3 我们会被选项的用词影响

想象一下，假设医生告诉你你得了一种重症，晚期。她告诉你，目前有一种治疗方法能带来 90% 的生存率。听起来不错，对吧？现在回到医生告诉你得了重症且为晚期的那一刻。这一次，她告诉你治疗方法有 10% 的致死率。这听起来就很糟糕，对吗？

关于治疗有效性的这两种说法是等价的。理性决策者的决定不会受医生措辞的影响。但普通人的决定就会受影响。这就是系统 1 在发挥作用，而系统 2 很少介入。

这里有另一个用词影响例子，摘自（Kahneman，2011）。一种危险的流感即将突然袭击你的国家。卫生局官员预测，如果人口不接种疫苗，大约有 600 人会死于流感。现在有两种疫苗可供选择：

- 疫苗 A 之前已被使用过；预计可以拯救 200 人（600 人中的）。
- 疫苗 B 是实验性的，有 1/3 的概率可以拯救这 600 人，有 2/3 的概率一个也救不了。

大多数人在面对这个选择时都会选择疫苗 A。他们喜欢确定的事物。现在再来看一下，将同样的选项用稍有差异的措辞重新表述一遍：

- 疫苗 A 已被使用过；预计会有 400 人（600 人中的）死亡。
- 疫苗 B 是实验性的，有 1/3 的概率没有人死亡，有 2/3 的概率这 600 人都会死亡。

使用这种替代性措辞，大多数人会选择疫苗 B。在这种情况下，确定性并不吸引人，因为它指的是确定死亡。根据 Kahneman 的观点，系统 1 不仅认为损失比收益更重要，而且对于收益是风险规避型的，对于损失是风险偏好型的。因此，当选项被表述为收益时，人们通常更倾向于选择确定性结果而不是赌注；当相同的选项被表述为损失时，人们更倾向于选择赌注而不是确定性结果。

心理学家将这种现象称为框架效应（framing effect）：选项的呈现方式会影响人们的决策。

框架效应也可以通过将我们的心理预期设置（研究人员称之为"锚定"）到特定水平，

让我们以新的水平感知收益和损失，从而影响我们的决策。例如，想象一下，假设你在电视游戏节目上赢得了 1000 美元。在你离开之前，游戏节目主持人给你提供了一个选择：①有 50% 的概率（比如抛硬币）再赢得 1000 美元（另外 50% 概率则一无所获）；②直接再获得 500 美元。大多数人会选择确定的 500 美元，他们宁愿最终获得确定的 1500 美元，也不愿冒着最终只可获得 1000 美元的风险而赌这 2000 美元。他们的思维被锚定在获得 1000 美元的想法上，因此 1500 美元看起来更好——大概已经足够好了。虽然是系统 1 做出的决定，但系统 2 通过理性思考"为什么如此贪心？"使之合理化。

现在让我们重新开始。假设你最初赢得了 2000 美元，现在你有两个选择：① 50% 的概率可能会失去刚赢得的 2000 美元中的 1000 美元（另外 50% 的概率没有损失）；②一定会失去 500 美元。在这种情况下，大多数人就不喜欢这种确定的损失了，他们倾向于为了保全 2000 美元再赌一次，即使很可能最终只得到 1000 美元。他们的思维被锚定在获得 2000 美元的想法上，因此，最终只能获得 1500 美元就看起来更糟糕。同样，虽然是系统 1 做出的决定，但系统 2 通过理性思考"我希望保全所有钱"使之合理化。

公司在销售产品时，用了很多种锚定方式（Stefanovic，2018）：

■ 将产品最贵的版本列在首位，使顾客将价格锚定在这个水平上，从而看其他版本像是特价商品。

■ 针对购买多个产品的情况提供折扣，例如两件的价格可以买三件，从而将多的数量锚定在顾客心中，成为"正确"的购买量。

■ 对折扣活动设置时间限制，将折扣价锚定在顾客心中，促使顾客"立即购买"以避免错过折扣。

■ 对顾客能购买的产品量设置限制，从而推动顾客购买比原本预计更多的产品。

框架效应是人们的判断和偏好随时间变动的原因之一：以一种方式表述选项，人们做出一种决定；以另一种方式表述选项，人们会做出不同的决定。

12.4 我们会被自己鲜活的想象和记忆影响

除了受到得失权衡的影响以及框架效应的影响外，人们往往会高估不太可能发生的事件的概率，特别是当我们能够形象地描绘或轻松地回忆这些事件时。此外，我们在做决策时往往也会更重视这些事件。

例如，如果让人们估计美国密歇根州上一年的谋杀案数量，那些记得底特律在密歇根州的人会比那些不记得的人预估一个更大的数字——但很多人并不记得这一点。不少人甚至估计底特律每年的谋杀案数量比密歇根州还高。关于这点的解释是，系统1会根据启发式信息（例如回忆相关信息的容易程度）快速给出答案。底特律的谋杀案经常被新闻报道，因此在人们的记忆中，容易将底特律与谋杀案联系起来，但关于"密歇根州的谋杀案"的新闻报道很少，所以很难在记忆中将"谋杀案"和"密歇根州"形成强烈的关联。如果系统1不记得密歇根州包含底特律的话，那么它的估计值就会偏低，而系统2也鲜有介入（Kahneman，2011）。

同样，如果被问及政治家或小儿科医生谁更富有，大部分人会立刻回答"当然是政治家"。这个答案来自系统1，它会轻松回忆起有关政治家财富的新闻报道，因为各种媒体渠道都覆盖了这一类故事。除非有人碰巧认识富有的小儿科医生，否则由于这种故事很少在新闻中报道，系统1无法回想起任何案例。

系统1也容易受到生动想象力以及大脑对事件产生的自动反应的影响。这就是人们在礼貌场合使用含糊或委婉措辞的原因：这可以避免大家对一些令人不适的话题关联用语引起的强烈反应。例如，在晚宴上，我们会说我们的配偶因病缺席，而不会说配偶呕吐或者拉肚子了。

一个相关的影响是，人们更倾向于选择连贯、引人入胜的故事，而不是统计证据。我们在第10章中解释过"查理叔叔"效应：一个人可能看过大量表明日产Leaf是一款很棒的车的统计数据，但如果这个人的查理叔叔（或其他亲戚朋友）在这款车上有过糟糕的驾驶经历，那么这个人的系统1会认为这是一款"问题车"，这将影响他们对这款车的看法，除非系统2加以否决。

同样，系统1并不关心样本大小。如果看过一个对于潜在选民的挨家挨户调查，发现63%的人支持美国总统，系统1不会关心是有300个还是3000个选民接受了调查。然而，如果你看到有30个选民接受调查，那这就会引起系统2的注意，它会对系统1进行干预和推翻，并给出"这不是一个有效调查"的结果（Kahneman，2011）。

最后，系统1只基于眼前的事情做决定，即基于当前强烈的感知、易于回顾的记忆。系统1不会也不能考虑到其他可能相反的证据和经验。由于系统1当前所接触的事物会随时间而改变，因此其反应和选择也会随之变化。

12.5　我们会被自己过去的行为影响

大多数人试图前后保持一致。当我们做出承诺时，我们会感到有义务遵守它。当我们进行决策、表达观点或以某种特定方式行事时，大多数人都会试着让未来的行为与之匹配。我们倾向于通过寻求确认反馈和提供支撑它们的理由来证明这些承诺的合理性。这种趋势表现在多个方面（Stefanovic，2018）：

- **公开承诺影响**。公开表示想要减肥的人成功的可能性更大。一旦你对一件商品出价，你很可能会继续竞价。在互联网上，对一个小的需求点击"是"的用户，更可能对更大需求点击"是"（如购买）。购物车和愿望清单提升了用户的承诺度，因此有着更大的购买概率。如果人们同意提供一些无足轻重的信息，那么他们更有可能提供敏感信息。一旦你对外宣称想要购买一件基础商品，那么向你推销更多附加选项就更容易了。

- **沉没成本谬误（承诺升级）**。这是一种我们对于坚持某个决定、甚至对某个失败领域投入更多资源的倾向。我们不想损失已经投入的资源，也不想显得不连贯："尽管已经等了 15 分钟，但我还会继续保持电话连线、听着等候音乐、等待客服回答"。学会使用应用程序后，你更有可能持续用它。

- **宜家效应**。一旦我们对某一事物付出了努力，我们会更珍惜它。让人们试用一个产品，并花时间学习用它，会增加他们下单购买的可能性。

- **现状影响**。我们更喜欢熟悉的流程，倾向于抗拒变化。我们将当前情况作为锚点，因此会将向下的变化视为损失，而将向上的变化视为收益。

12.6　情感在决策中非常关键

理性决策并不意味着从决策方程中排除情感因素。为了有效地评估和比较不同的选项，人们需要某种形式的情感反应。

例如，当你选择一条去参加朋友婚礼的驾车路线时，做出理性选择意味着你会基于一些客观指标（例如最短、最安全、最熟悉、最不伤脑筋或最省油）选择最佳路线。为什么？因为选择最佳路线——无论标准是什么——会让你感觉良好，而选择不好的路线会让你感觉糟糕。同样，当你要在不同产品之间做出选择时，你可能会根据几个客观标准（成本、功能、质量、可靠性、评分）进行对比。这么做是为了购买最让你受益的产品，这会让你感觉很棒。

研究表明，很少经历或没有情感体验的人（可能是由于脑部受伤或患病）在做出决策时会遇到极大的困难（Hudlicka，2021）。如果你对两个选项的情感反应没有差异，那么你很难在它们之间做出抉择。情感反应对决策而言是必不可少的（Eagleman，2015）。

12.7　利用人类认知的优劣势

设计师如何利用前文描述的关于人类决策特征的知识来实现他们的目标？以下是一些方法。

12.7.1　支持理性决策：帮助系统 2 推翻系统 1

人们发明计算机的原因和我们发明算术运算、计算器、转盘名片盒和清单的原因一样：为了增强我们脆弱又不可靠的理性思维过程。早期计算机执行一些对于人类来说过于复杂或冗长且难以可靠、高效地完成的数值计算，但它们现在为我们（或帮助我们）执行各种各样的信息处理任务。计算机在我们不擅长的方面（如记忆、计算、推断、监测、搜索、枚举、比较和交流）恰好表现非常出色（可靠、高效、准确），因此人们用计算机来实现这些活动。决策是另一种这样的活动。

例如，许多人在签署新的房屋抵押贷款之前，都会用抵押贷款计算器来计算月付金额和需要支付的总额，以比较不同的贷款方案（见图 12.1）。计算器可辅助我们进行决策。

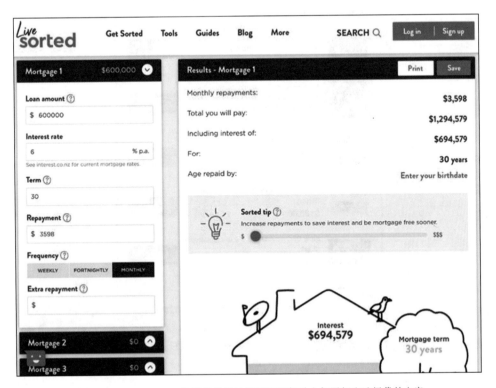

图 12.1　sorted.org.nz 的抵押贷款计算器可以帮助人们了解和选择贷款方案

一个关于人们没有使用计算机系统增强他们过于人类化的能力而导致出现问题的例子是，最近在美国旧金山国际机场发生的一起飞机坠毁事故。这次坠毁事故据说至少部分原因○是飞行员试图手动降落飞机而没有使用自动驾驶系统造成的（Weber，2013）。

可以说，大量的软件应用程序和商业网站存在的意义都是帮助人们进行决策。通常，这些决策都是比较平凡的事情，例如帮助人们选择购买什么产品的应用程序和网站（见图 12.2）。这些网站通过将产品并排展示，让人们对比价格、功能、可靠性和基于产品评分和评论的客户满意度，从而支持人们进行理性选择（系统 2）。

图 12.2　GoSale.com 是一个比较购物网站

然而，许多软件应用程序支持的决策并不平凡，例如在哪里钻探石油、在水库中储

○　根据美国国家运输安全委员会（National Transportation Safety Board，NTSB）官员的初步评估。

存多少水、新汽车的建议零售价应该是多少、野生动物保护区可以容纳多少濒危的犀牛
和大象，扫雪机最有效的扫雪路线是什么（见图 12.3）。事实上，支持复杂决策的软件非
常重要且经过了深入研究，它有专门的名称［决策支持系统（Decision Support System，
DSS）]、科学期刊（*Decision Support Systems*）、教科书、定期举办的会议，甚至有一个维
基百科页面。

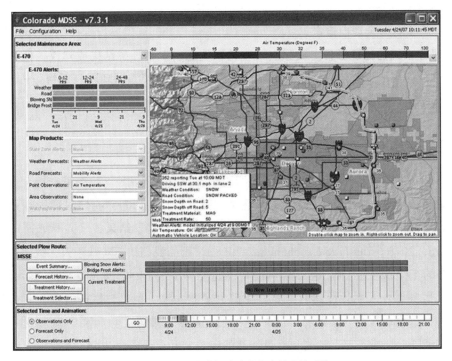

图 12.3　选择有效扫雪路径的决策支持系统

无论所支持的决策是普通的还是具有重大意义，决策支持软件（和网站）的主要目标
是帮助人们利用他们的系统 2，查看所有选项，理性并公正地对其进行评估，做出公正的
决策。要实现这个目标并不容易，因为正如前文和第 1 章所述，人类感知和认知通常都是
存在偏差的。但如果决策支持软件遵循以下准则，还是有可能实现的：

- **提供所有选项**。如果选项太多，无法简单地列出，可以将它们组织或抽象为类别和
  子类别并给出摘要信息，以便人们可以一次性评估、对比，或者排除整个选项类别。
- **帮助人们找到替代方案**。有些解决方案可能相当反直觉，以至于人们完全不会考
  虑它们。决策支持系统会揭示一些用户可能错过的选项，并生成用户解决方案的

不同版本，这些版本可能进行微小的改进，也可能进行重大的改进。

- **提供客观的数据**。也就是说，数据应该以客观、可重复的方式创建或收集。
- **不要让人们计算**。在可能的情况下为用户执行计算、推理和演绎。计算机很擅长这一系列操作，人类却不擅长。
- **检查断言和假设**。决策不仅基于数据，还基于假设和断言。决策支持系统（特别是那些支持关键或复杂决策的）应该让用户声明清楚将用于决策的假设和断言，并为用户进行"合理性检查"。
- **解释系统的论证过程**。如果决策支持系统的用户不理解结果或建议，他们可能不会信任这个系统，从而也不太可能遵循其建议。因此，决策支持系统应该显示（如果不能常规性显示，至少应该在需要时进行显示）其建议的逻辑依据。

12.7.2 使基于人工智能的系统更加透明

最后一条准则对基于人工智能技术（如机器学习或神经网络）的决策支持系统提出了问题。基于人工智能的系统通常向我们呈现一种黑匣子的形态：我们只能看到数据输入系统中，结果和建议从中输出，但无法看到哪些输入影响了结果或输入是如何影响结果的（Budiu，2018；Budiu & Laubheimer，2018）。因为我们缺乏对基于人工智能的应用程序和服务的工作原理的清晰、可预测的心智模型[⊝]，所以它们的建议或推荐通常看起来很神秘、不靠谱甚至令人毛骨悚然。例如，我们大多数人都收到过"你可能也会喜欢"的建议或广告，这会让我们一头雾水："嗯？这东西是从哪里来的？"

为了消除人们对其不可预测和毛骨悚然的印象，并获得广泛认可，基于人工智能的应用程序和服务必须变得更加透明。它们必须被设计成用户能看到结果从输入中得出的过程（Budiu，2018）。也许它们甚至需要能够解释其决策和建议背后的推理过程。

12.7.3 数据可视化：利用系统 1 来支持系统 2

有人可能认为，决策支持系统的一个次要目标是将系统 1 中的所有偏见、满足和近似排除在决策循环之外。在某些决策支持系统中，这可能确实是一个设计目标。然而，还有另一种方法。

要理解另一种方法，必须意识到系统 1 并不是一个内在的"邪恶孪生兄弟"，它本意并

⊝ 参考 11.2.2 节。

不想让我们的决策产生偏差和混乱。它没有任何阻碍或破坏系统 2 的目标。事实上，它根本没有任何目标。严格来说，它甚至不是一个单一的事物。系统 1 是一个大型集合，有许多半独立的自动化"机器人"或"僵尸化"过程，每个过程处理一种特定情况（Eagleman，2012）。正如前文所述，其中一些自动化过程具有对理性决策不利的特征，但总体来说，大脑的自动化过程的集合可以帮助我们迅速反应、生存和发展。许多自动化过程是可以利用的技能——可以被系统 2 "劫持"或"利用"，以支持其分析。这就是另一种方法的基础。

　　利用另一种方法的方式被称为数据可视化。可以把它看作强化版的商业图形。数据可视化利用了人类视觉系统（主要由自动化过程组成）的优势，允许人们感知复杂数据中的关系。部分优势已经在本书前面章节中描述过了：结构感知（第 2 章）、复杂场景分析（第 2 章）、边缘检测（第 4 章）、运动检测（第 5 章）和人脸识别（第 9 章）。另一个优势是三维视觉。像决策支持一样，数据可视化⊖是一个拥有专门的名称、定期会议、期刊、教科书和维基百科页面的庞大（且不断扩大的）领域。

　　一个相对简单但熟悉的数据可视化案例是城市地铁系统的简明示意图（即非地理学地图）（见图 12.4），它在过去的 100 年里很大程度上取代了地理学性质的地铁图。在地铁图上，地理位置、地标，甚至距离都不重要。人们通常只想从这些地铁图中看到哪条地铁线路去往哪一站，线路在哪站交汇，以及特定目的地是近还是远。地理学地图提供了不必要的信息，会使问题复杂化。简明示意图更容易让人们看到他们想知道的内容。

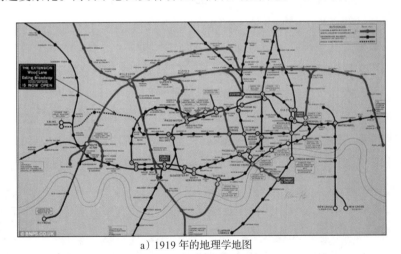

a）1919 年的地理学地图

图 12.4　伦敦地铁图

　　⊖　一些研究人员更喜欢用术语"信息可视化"。

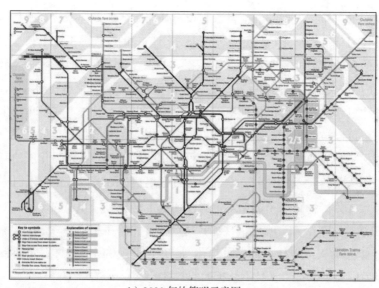

b）2020 年的简明示意图

图 12.4 伦敦地铁图（续）

更复杂的交互式数据可视化甚至可以利用人类对运动的感知和格式塔原理来展示不同元素之间的关系，以及不同元素是如何随时间"移动"的。一个关于时间变化数据的交互式数据可视化案例是描绘从 2003 年至 2012 年的互联网发展历程的图（见图 12.5）。它使用了沿时间轴的水平滚动而不是元素的动画效果来呈现。

除动画外，一些同样的图形技术被用于在图表中显示重要的数据可视化出版物、它们的相对引用次数以及它们彼此之间的关系，例如交叉引用（见图 12.6）⊖。这个可视化中并不需要动画，因为数据描述的是时刻而不是时间段。

一种富有想象力的数据可视化案例是切尔诺夫脸谱（Chernoff face），它是由这个概念的发明者赫尔曼·切尔诺夫（Herman Chernoff）的名字命名的（Tufte，2001）。科学家、工程师甚至管理人员经常需要分析和分类具有多个维度的数据。例如，警方数据库中的一个人有姓名、地址、电话号码、出生日期、身高、体重、眼睛颜色、头发颜色、交通罚单数量、判罪次数和其他变量维度，银行账户有所有者姓名、借记卡号、银行分行号、余额、利率、最低允许余额、规定存款期限、开户日期等维度。展示超过三个维度的数据会比较难，特别是当科学家需要能够看到数据点何时形成聚类簇或遵循可预测的模式时。

⊖ 更多数据可视化的示例请参考 http://www.webdesignerdepot.com/2009/06/50-great-examples-of-data-visualization。

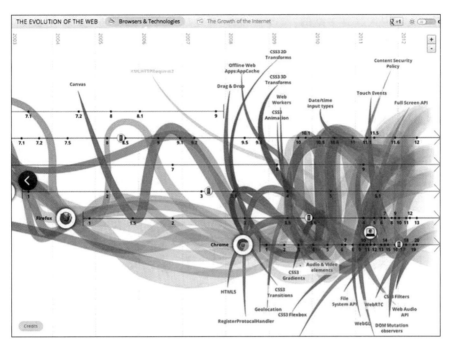

图 12.5 互联网发展历程（2012）[来源：Hyperakt、Vizzuality、Google Chrome team（http://www.evolutionoftheweb.com）]

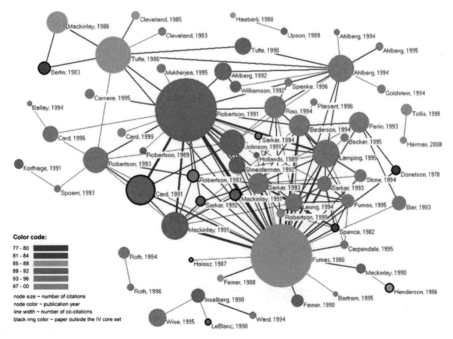

图 12.6 数据可视化出版物、它们的引用次数以及它们之间的关系的可视化

切尔诺夫发现人脸是多维的：它们在总体高度、宽度、颧骨高度、鼻子长度、鼻子宽度、下巴宽度、眼睛距离、嘴巴宽度、耳朵高度、耳朵宽度、耳朵垂直位置等方面有所不同。他认为可以用 18 个维度描述大多数人的脸。他也知道人们非常擅长识别人脸和人脸之间的差异，即使差异非常小。正如第 9 章提到的，我们识别人脸的能力是天生的，不需要经过学习。

切尔诺夫推断，由于人脸是多维的，因此任何多维数据都可以表示为图示化的面孔，从而让我们可以利用天生的人脸识别能力，识别其中的相似性、关系和模式。切尔诺夫脸谱（见图 12.7）已被用于表示各种数据，从太阳系中的行星数据到金融交易领域数据都有。

图 12.7　切尔诺夫脸谱是一种展示多维数据的方式

数据可视化是一种利用内置于系统 1 中的自动视觉感知过程来帮助系统 2 理解复杂数据的方法。为了成功地进行可视化，它必须以与人类视觉一致的方式呈现数据，并且不触发视觉系统的任何缺陷（Robertson et al.，1993；Ware，2012）。

关于信息可视化的最新研究为切尔诺夫脸谱法提供了额外的支持。美国麻省理工学院和哈佛大学的研究人员发现，如果数据可视化中包括"人类可识别的对象"，例如人物图片，则这些可视化数据更容易记忆（Borkin et al.，2013）。

12.7.4　说服和劝导：激发系统 1 并绕过系统 2

考虑到系统 1 容易受欺骗产生偏差，几乎可以毫不夸张地说，交互系统呈现信息的方式对用户决策和行为产生的影响，至少与呈现的信息本身同等重要。如果设计师想要影响或说服人们以特定的方式做出反应——例如购买产品、加入组织、订阅服务、进行慈善捐赠、形成某种政治观点、以某种方式投票支持，那么可以"利用"系统 1 来实现（Weinschenk，2009；Kahneman，2011）。

　　广告商和美国政治行动委员会非常清楚这一点，因此他们经常以与其受众的系统 1 进行沟通（并破坏他们的系统 2）的方式设计信息。人们可以轻松地将专业人士与业余广告商和新手政治文案撰写人区分开来。业余者通常给出能支持他们观点的理性论据和统计数据，希望说服我们的系统 2 去认同这些观点。专业人士则会跳过统计数据，基于强有力的故事来设计信息，激发恐惧、希望、满足、享受、金钱、声望、食物等，从而绕过系统 2，直击我们的系统 1（见图 12.8）。

图 12.8　成功的广告吸引我们的情感，而不是我们的智力

如果软件和网页设计师的意图是说服和劝导人们，他们也可以采取同样的方式（Weinschenk，2009）。这就催生了"说服性"系统（Fogg，2002），这是决策支持系统的反面。当然，说服性软件是一个日益增长的研究领域，也有自己的名称、会议、教科书，以及维基百科页面。

12.7.5 对比决策支持系统和说服性系统

为了更好地理解决策支持系统和说服性系统之间的区别，让我们对比一下，它们都和慈善捐赠相关。一个是 CharityNavigator.org（见图 12.9），它对慈善组织进行评估和对比。另一个是 FMSC（Feed My Starving Children），CharityNavigator.org 上列出的慈善机构之一（见图 12.10）。

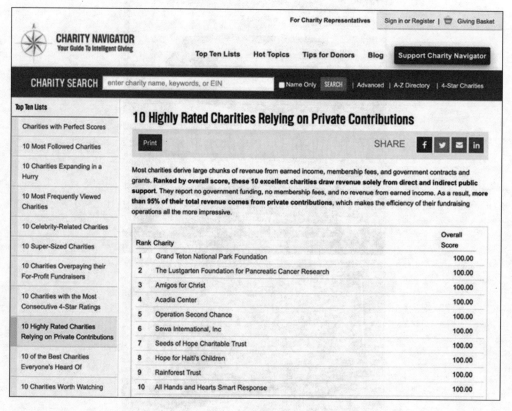

图 12.9　CharityNavigator.org 是一个可以对比慈善组织的决策支持网站

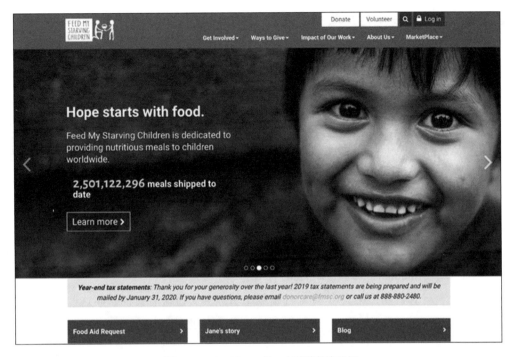

图 12.10　FMSC.org 是一个慈善救济组织

CharityNavigator.org 是一个决策支持网站：它帮助人们在没有偏见的情况下决定支持哪些慈善机构。为了做到这一点，它根据几个标准（比如用于运营开销的捐赠款项占比）来评估慈善机构，并对每个组织进行总体评分，使人们可以比较这些组织。

相比之下，FMSC.org 网站显而易见的目标是说服访问者给该组织捐赠，以便组织向全球的困难家庭提供食品救助。网站上的所有内容——照片、商标、链接标签、文本描述，甚至组织的名称——都是为了达到这一目标而存在的（见图 12.10）。这种网站不是为了帮助访问者做出理性决策，即是支持 FMSC 还是其他食品救济组织。决策支持既不是它的目标，也不是它的责任。该网站之所以存在就是为了说服人们捐赠。

我并不是说决策支持就是好的，说服就是坏的，或者 CharityNavigator.org 就是好的，而 FMSC.org 就是坏的。这两个组织都有值得赞扬的使命，也做出了不错的成果。说服可以是正面的，通常也很有必要。有人可能会决定给 FMSC 捐赠，因为他们的朋友推荐了 FMSC 并且他们也信任这位朋友。此外，如果系统 1 能快速给出可接受的决策，那么用系统 2 ——列举所有选项再进行理性对比可能就是在浪费时间。而我比较这两个网站的唯一目的只是说明决策支持系统和说服性系统之间的区别而已。

12.7.6 计算机安全性：值得投入吗

在计算机和智能手机上设置安全性（如数据备份和病毒防护）需要花费时间、精力和金钱。用决策理论家的话来说，这些设置成本构成了一个小到中等的损失。人们会将这个小的确定性损失与一种低概率的较大损失（丢失所有数据或让未经授权的人访问他们的数据）进行比较。一些人购买了防护软件，而另一些人则决定承担风险。

这种情况似乎属于 Kahneman 和 Tversky "四重模式" 的右下角单元格：低概率的大损失。该模式预测大多数人会采取风险规避的方式，因而会购买备份和病毒防护软件。然而，事实上，许多人都不认同，也不想大费周章地购买防护软件，因此会偶尔遭遇重大损失。最近的调查发现：

- 有 39%～51% 的美国消费者已经超过一年没有备份他们的文件了，甚至从来没有备份过（Budman，2011；Husted，2012）。
- 在个人计算机用户中，有 31% 曾在某个节点丢失过所有文件，而这些文件的平均价值超过 10 000 美元——也就是说，这些文件比计算机本身更有价值（McAfee，2012）。
- 在全球的个人计算机中，有 17% 没有病毒防护软件。美国更差一点，有 19%（McAfee，2012）。

这些发现引发了两组问题，一组针对研究人员，另一组针对设计师。针对研究人员的问题与偏离 Kahneman 和 Tversky 的预测有关，即当人们面对低概率的大损失时，他们会规避风险并愿意为防护软件支付更多费用。没有病毒防护软件的计算机占比相对较低（17%），并不违反四重模式：大多数人（83%）的行为也符合理论预测。有人可能会争论说，即使 39%～51% 的计算机极少或从未被备份过，但这也并不违背理论，因为这意味着有 49%～61% 的计算机已经进行过备份了。然而，对于这个理论来说，这么高比例的计算机系统没有备份似乎是有问题的，甚至一些调查显示，略超半数的计算机都没有备份过。

为什么四重模式预测大部分人都会备份，却有这么多人不备份呢？这些已完成的调查有多可靠？这种情况下的变化是否与人们在以下这些情形下的意愿的可变性有关：赌场赌博，购买彩票（表 12.1 左下角单元格），不戴头盔骑摩托车，安装烟雾报警器，未购买保险或延长产品保修期？了解这些问题的答案，将会为那些寻求提升计算机使用安全的设计师提供指导。

　　针对设计师的问题是："怎么设计计算机和手机的安全性（数据备份、病毒防护等）才能够让更多人使用它？"一个明显的方法是：降低金钱、时间和精力成本。使获取计算机安全性变得成本低、简单、能快速设置和易于使用，这样就会有更多的人使用它。要让几乎所有人都用起来，它需要像烤面包机一样便宜、容易设置和使用。

　　许多公司都尝试简化备份操作，大部分公司都声称其备份产品和服务容易设置和使用。但是，这里引用的 40% 未备份和 19% 无病毒防护软件的比例源于 2011 年和 2012 年进行的调查，因此，很显然，计算机安全性的各类成本仍不够低，仍无法实现普及。这应该被视作用户界面设计师所面临的一大挑战。

　　设计师的另一答案就不太明显了：由于人们更容易受到连贯故事而非统计数据的影响，提供备份服务和病毒防护软件的公司应该关注的不是引用统计数据，而应当分享人们如何丢失数据或其计算机被病毒感染的故事，以及更妙的点——他们是如何恢复数据以及消除病毒的。

12.8　重要小结

- 人类的决策过程受无意识过程（系统 1）的强烈影响，系统 1 有时会快速产生不错的决策，但有时会导致我们做出不理性的决策。我们的理性思维（系统 2）很少参与。

- 对损失的恐惧比对收益的期盼更影响人类决策。这会影响人们在风险情境下的选择，比如是否购买保险、接受诉讼和解、进行赌博或者跳伞。心理学家 Kahneman 和 Tversky 进行过实验，证明了这种影响的普遍性和强度。

- 框架效应（framing effect）会影响人们的选择。当选项被表述为收益时，人们更倾向于选择确定性结果而不是选择进行赌注，而当相同的选项被表述为损失时，人们便更倾向于选择进行赌注而不是确定性结果。这使人们容易受到锚定的影响：这是一种心理技巧，通过将人们的期望水平设定到某个特定阈值，然后向他们展示如何改善或避免更糟糕的结果。

- 人们倾向于选择易于回忆或想象的选项。了解身边亲人对某些产品的体验比阅读有关产品的统计数据或在线评论更能影响我们的购买意愿。

- 过去的决策会影响未来的决策，因为人们总想让前后表现保持一致。因此，人们都倾向于坚持熟悉的事物，不愿轻易放弃已经失败的事情，并且如果他们为得到一些东西而付出了更多努力，他们就会更喜欢这些东西。

- 情感对于决策至关重要。如果没有情感反应，就很难做出决策。
- 设计应利用人类决策的优势和劣势：
  - 支持理性决策：通过提供所有选项、呈现替代方案、提供客观数据、为用户执行计算而不是强制他们来计算，并检查推理的基础假设，从而帮助系统 2 推翻系统 1。
  - 使基于人工智能的系统更加透明。
- 使用数据可视化来利用系统 1 支持系统 2。
- 合乎道德地进行说服。不要影响人们去做和自身利益相悖的事。

手眼协调遵循规律

你是否曾经遇到过在计算机屏幕或智能手机上难以点击微小的按钮或链接的问题，或者将鼠标指针保持在到达菜单项或链接所需的狭窄路径内的麻烦？

也许是因为你最近喝了太多的咖啡或者服用了药物，所以你的手不受控制。也许你是因为高度焦虑、愤怒或恐惧而手抖。也许你患有帕金森病，或者手和手臂有关节炎，所以会手抖。也许你是因为手臂暂时戴了石膏或肩带而受限。也许你是在颠簸的公共汽车、火车或者马背上尝试给某人发短信。也许你用的是不熟悉的指针设备，或者目标太小，或者允许移动的路径太窄。

事实证明，在显示器上指向对象和沿着约束路径移动指针都遵循一致的、定量的规律。

13.1 菲茨定律：指向显示的目标

指向目标的定律称为菲茨定律，以发现它的人保罗·菲茨（Paul Fitts）的名字命名（Fitts，1954；Card et al.，1983）。该定律称：在屏幕上，如果目标越大，离起点越近，那么你指向它的速度就会越快，需要的心理努力越少，同时也更有可能触达目标。根据菲茨定律的公式，你可以预测出从起点移动指针（包括手指）到指定大小和距离的目标所需的时间：

$$T = a + b \log_2 (1 + D/W)$$

其中，T 是移动到目标所需的时间，D 是到目标的距离，W 是目标在指针移动方向上的宽度。从公式中可以看出，随着距离（D）的增加，到达目标所需的时间（T）也会增加，而随着目标宽度（W）的增加，到达目标所需的时间则会减少（见图 13.1）。

图 13.1 菲茨定律：指向时间取决于起点到目标的距离（D）和目标的宽度（W）

菲茨定律非常通用，适用于任何类型的指针：鼠标、轨迹球、触摸板、操纵杆，甚至是用于触摸屏幕的手指。它也适用于每个人，无关年龄、身体活动能力和精神状态。但人们在移动速度上有所不同，设备在移动速度上也有所不同，因此公式用参数 a 和 b 来调整它以适应这些差异：a 衡量开始和停止运动的难易程度，b 是移动手和指向设备（如果有）的平均难度的度量。

菲茨定律中对指向目标的时间与目标大小和距离之间的关系的描述，可以通过屏幕指针的运动方式来理解。当一个人在屏幕上看到一个目标并决定选中它时，手和指针设备具有惯性，所以向目标的运动开始会比较缓慢，但会迅速加速，直到达到某个最大速度。这种初始运动是相当粗略的，基本上是朝着目标的大致方向瞄准，无须太多的控制。我们将这种初始瞄准称为弹道瞄准，就像从大炮中发射炮弹一样。随着指针接近目标，移动速度会随着人的手眼反馈回路的控制而减慢。移动结束得很缓慢，通过越来越细微的调整，最终将指针对准目标（见图 13.2）。

尽管菲茨定律的基本预测结果似乎非常直观，

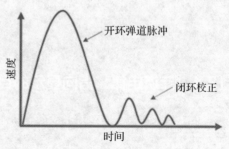

图 13.2 指针朝目标移动时速度随时间的变化（由 Andy Cockburn 提供）

即人们越靠近屏幕上的目标且目标越大，目标被选中的速度越快，但该定律也预测了一些不那么直观的事情：距离减少或目标增大的量越大，指向目标的时间减少得越少。如果一个目标很小，将它的大小翻倍，人们选中它所花的时间会显著减少，但如果再把它的大小翻倍，指向目标的时间并不会显著减少。因此，在达到特定的大小之后，使目标变更大几乎没有什么额外的效益（见图 13.3）。同样，超过一定距离，将目标移得更近也无济于事。

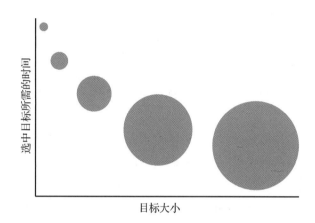

图 13.3　增加点击目标大小的边际效益递减（D 不变）

　　菲茨定律的另一个有价值的预测是，如果指针或手指的移动不能超出屏幕边缘，那么位于边缘的目标将非常容易被选中。人们可以直接把指针拉向目标，直到边缘阻止它，无须在移动结束时进行缓慢、精细的调整。因此，从菲茨定律的角度来看，屏幕边缘的目标好像比实际的要大得多。然而，这一点主要适用于台式计算机和笔记本计算机，因为现代智能手机和平板计算机没有物理上凸起的边缘可以阻止手指。

菲茨定律对设计的影响

　　菲茨定律是一些常见用户界面设计准则的基础，包括：

- 让点击目标（比如图形按钮、菜单项、链接等）足够大，以便人们快速轻松地点击。不要让人们点击的目标太小，这会使人们的选中速度变慢甚至导致一些人错过目标。United.com 的登机牌送达选项页面就是一个点击目标太小的例子（见图 13.4）。为了选择选项，用户必须点击 United.com 登机牌送达选项页面上的微小复选框，复选框旁边的圆圈符号和文本标签不接受点击。使它们可点击并不难，但会大大增加目标的有效点击范围。请参阅（Johnson & Finn，2017），以了解适用于所有年龄段和所有情况的点击目标或轻点目标的尺寸设计准则。

■ 确保实际的点击目标至少与可见的点击目标一样大。最重要的是，不要呈现只接受小区域（例如文本标签）点击的大按钮，就像美联储 2016 年的网站上的导航按钮（参见图 13.5a）那样，这会使用户感到沮丧。该网站在 2019 年改善后（参见图 13.5b）接受在整个可见点击目标区域内进行点击。如果可见目标必须很小（例如嵌入文本中的小单词），则应该将用户界面设计为可以接受链接附近的点击，就当在链接上点击一样。

■ 复选框、单选按钮和切换开关应该在标签和按钮上都能接受点击，从而增大可点击区域。

■ 在按钮和链接之间留足空间，以便人们不会误点到其他按钮或链接。

■ 将重要的点击目标放置在屏幕边缘附近，使其易于点击。

■ 尽量使用弹出式菜单和饼状菜单显示选项（见图 13.6）。它们的平均选中速度比下拉式菜单更快，因为它们"围绕"屏幕指针打开，而不是在下方，这样用户只需移动更小的距离就可到达大多数选项。然而，即使是下拉式菜单也比右拉式（"行走式"）菜单更快。

■ 对于智能手机应用程序，考虑使用人们正常手持手机时可以轻松用拇指触达的菜单（见图 13.7）。

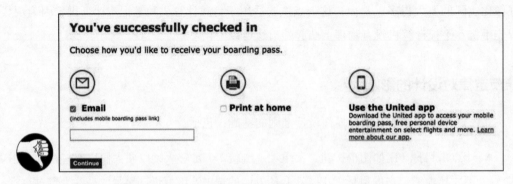

图 13.4　用户必须点击 United.com 登机牌送达选项页面上的微小复选框，复选框
　　　　　附近的符号和文字标签不接受点击

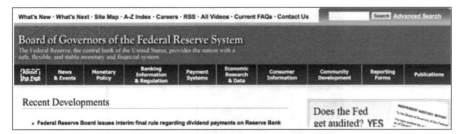

a）2016 年，美联储网站的导航栏"按钮"只接受对标签的点击

b）在 2019 年，其更新的网站接受在每个链接的矩形区域内的任何地方的点击

图 13.5　美联储网站的导航按钮

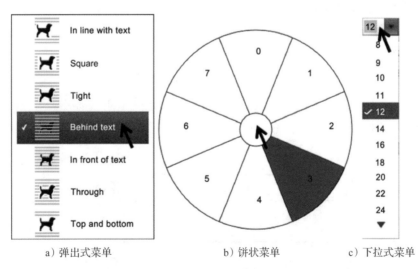

a）弹出式菜单　　　　　　b）饼状菜单　　　　c）下拉式菜单

图 13.6　台式计算机 / 笔记本计算机的菜单类型

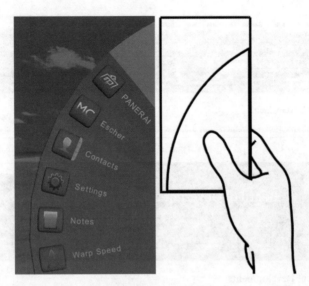

图 13.7 智能手机的菜单选项可以设计成用拇指就能轻松触及的样式（来源：Bob Burrough，经许可使用）

13.2 转向定律：沿着受约束的路径移动指针

转向定律（Accot & Zhai，1997）是从菲茨定律派生出来的，它统计将屏幕指针沿着受约束的路径转向目标所需的时间。它指出，如果将指针移动到目标的过程中，必须将指针保持在某条特定的受限路径内，那么路径越宽，指针移动到目标的速度就越快（参见图 13.8）。它的公式比菲茨定律的公式更简单：

$$T = a + b\,(D/W)$$

和菲茨定律一样，转向定律似乎也是常识：更宽的路径意味着你不需要小心翼翼地移动指针，你可以像子弹发射一样快速地移动它。

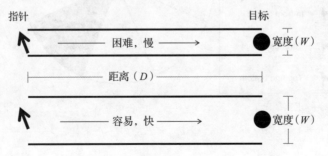

图 13.8 转向定律：指向时间取决于路径的距离（D）和宽度（W）

转向定律对设计的影响

任何使用过点选或触摸屏幕用户界面设备的人，可能都会记得这样的情况：自己需要将屏幕指针或手指沿着一条受限的路径移动。这就是转向定律适用的情况。以下是两个例子：

- 右拉式菜单（也称为"行走式"菜单），在此过程中，你必须将指针保持在菜单项内，同时侧移至子菜单，否则菜单会切换到上方或下方的菜单项。菜单项越窄，使用菜单的速度就会越慢。
- 页面标尺（例如用于设置制表位），在此过程中，你必须将指针保持在标尺内，同时拖动制表位到新位置，否则，制表位就不会移动（类似于最新版本的 Microsoft Word）。标尺越窄，你的移动速度就会越慢。

右拉式菜单在软件应用程序中相当常见。例如，苹果公司的 Safari 浏览器就使用了这种菜单（参见图 13.9）。一些软件应用程序，比如 DataTaker 的 DataLogger 产品（参见图 13.10），也使用了多级的右拉式菜单。

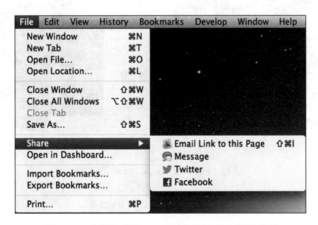

图 13.9　苹果公司的 Safari 浏览器中的右拉式菜单

要了解扩宽指针移动路径对右拉式菜单的使用速度的提升，可以对比面向年长者的旅行网站 RoadScholar.org 从前和现在的版本。在 2012 年中期，对该网站进行的一项可用性测试表明：该网站的目标年龄群体在使用右拉式菜单选择旅行目的地时遇到了困难（Finn & Johnson，2013）。到了 2013 年初，该网站的设计师明显扩大了菜单项的宽度，使用户能够更容易、更快速地选择感兴趣的旅行目的地（参见图 13.11）。这就是转向定律的作用。

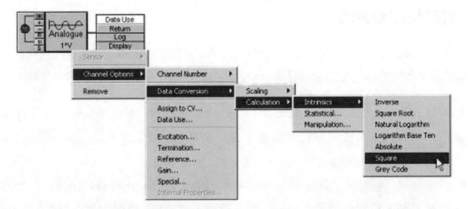

图 13.10　DataTaker 的 DataLogger 应用程序中的右拉式菜单

a）2012 年，狭窄的菜单选项　　　　　　b）2013 年，较宽的菜单选项

图 13.11　RoadScholar.org 旅游网站

　　以前，图形用户界面（GUI）中的滚动条是受限路径，当你滚动选项时，必须将指针保持在狭窄的垂直或水平滚动条内，不然就会失去对滚动条的控制。GUI 设计师很快意识到，这样的限制使得滚动条的使用变得缓慢、烦琐且容易出错，于是他们取消了这种约束。现代滚动条允许用户在滚动选项时将指针移动到滚动条之外。程序只跟踪滚动条方向的运动，忽略任何垂直于滚动条的运动。这种变化实际上将受限路径扩展到了整个屏幕的宽度，极大地加快了滚动条的操作速度，并消除了差错的源头。这是转向定律的另一个用例。

13.3 　重要小结

- 任何类型的指针移动到特定目标所需的时间，可以通过一个名为菲茨定律的公式进行预测：$T = a + b\log_2(1 + D/W)$。该定律包含了几个影响点击时间的参数：
  - D = 到目标的距离：距离越大，所需时间越长。
  - W = 目标的宽度（在运动方向上）：宽度越大，所需时间越短。简而言之，较大的目标更容易被点击。
  - a 和 b 是指针的起始滞后和惯性参数，分别影响点击的起始时间和动作惯性。
- 菲茨定律对设计的影响：
  - 将点击目标设计得更大。
  - 让实际的点击目标至少和可见的一样大。
  - UI 控件应该接受对其标签的点击，而不仅是控件本身。
  - 在控件之间留出足够的空间，以免用户误点其他控件。
  - 将重要的目标放在屏幕的边缘附近。
  - 智能手机中的菜单，应设计得让用户可以通过拇指轻松选择。
- 将指针沿着受限路径移动所需的时间，可以通过一个名为转向定律的公式进行预测：$T = a + b(D/W)$。这个定律对菲茨定律的主要补充为：点击目标所需的时间还取决于在移动过程中指针必须保持在内的路径宽度——路径越宽，用户移动指针到目标的速度就越快。
- 转向定律对设计的影响：
  - 需要用户在移动过程中将指针保持在狭窄路径内的用户界面控件，使用起来会比较缓慢且容易出错。不要要求用户在狭窄区域内将指针移动到目标位置。

我们有时间要求

　　世界上的事件发展需要时间，感知对象和事件也需要时间，记住感知到的事件、思考过去和未来的事件、从事件中学习、执行计划以及对感知到的、记住的事件做出反应也需要时间。这些过程需要多长时间？了解感知和认知过程所持续的时间是如何帮助我们设计交互系统的呢？

　　本章将会回答这些问题。它介绍了感知和认知过程的持续时长，并在此基础上提供了交互系统必须满足的实时截止时间，以便与用户进行良好的同步。无法与用户的时间要求较好同步的交互系统有两个问题：①效率较低；②会使用户感觉其响应不及时。

　　问题②即感知到的响应性，似乎没有有效性那么重要，但事实上却相反。在过去的50年里，研究人员一致发现，交互系统的响应性是决定用户满意度非常重要的因素。响应性即系统跟上用户的步伐、及时告知用户其状态信息，并且不让用户无故等待[⊖]。一项项研究在几十年的时间里反复证实了这一点（Miller，1968；Thadhani，1981；Barber & Lucas，1983；Carroll & Rosson，1984；Shneiderman，1984；Lambert，1984；Rushinek & Rushinek，

　　⊖　一些研究人员提出了一个观点，即对于用户对网站加载速度的感知，因果关系可能是相反的：人们在网站上获得的成功越多，他们认为网站加载速度越快，即使他们的评价与实际速度不相关（Perfetti & Landesman，2001）。

1986；Hoxmeier & DiCesare，2000；Nah，2004）。知名的软件设计专家也建议确保应用程序和网站能够以足够快的速度响应，以满足人类的时间要求（Nielsen，1993，1997，2010，2014；Isakson，2013；Heusser，2019）。

本章将首先定义响应性，然后将列举人类感知和认知的重要时间常量，最后将以交互系统设计的实时设计准则（包括一些示例）来作为结束。

14.1 响应性的定义

响应性与性能有关，但又有所不同。性能是以每单位时间的计算量来衡量的。响应性是以人类时间要求的符合性和用户满意度来衡量的。

即使性能较低，交互式系统仍可以具有响应性。举例来说，当你给朋友打电话询问一个问题时，即使他不能立即回答你的问题，他仍然可以响应：他可以确认收到问题并给出稍后回电的承诺；如果他能告诉你何时会答复你，那么响应性更高。

响应式系统即使不能立即满足用户的要求，也会及时让用户了解情况。它们会为用户进行的操作和系统当前状态提供反馈，并根据人类的感知、运动和认知截止时间要求来安排反馈的优先顺序（Duis & Johnson，1990）。具体而言，它们会：

- 立即让你知晓你的输入已被接收；
- 提供一些关于操作所需时间的指示（见图 14.1）；
- 在等待的时候允许你去做其他事情；
- 智能地管理事件队列；
- 在后台运行日常管理事务和低优先级任务；
- 预测用户最常见的请求。

即使运行速度很快，软件仍可能存在糟糕的响应性问题。就像一个相机修理师，虽然他修相机的速度很快，但如果当你走进店铺后他并不理会你，直到处理完其他相机的问题，那么此时他就没有提供响应性。同样，如果你把相机递给他，他一声不吭地走了，而没有告诉你他能否立即修理还是去吃午饭，那么他还是没有提供响应性。即使他立刻开始修你的相机，但如果他不告诉你修理需要花费多长时间，是 5 分钟、5 小时、5 天还是 5

周，那么他同样没有提供响应性。

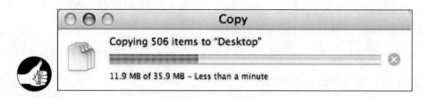

图 14.1　MacOS X 文件传输：清晰的进度条，有用的时间估计和取消按钮

响应性差的系统不符合人类的截止时间要求。它们无法跟上用户的步伐，也无法及时为用户行为给予反馈，因此用户不确定自己做了什么或系统正在进行什么操作。它们让用户在不可预测的时间和不可预测的时长内等待。这样的系统限制了用户的工作速度，有时会严重影响工作效率。以下是一些响应性差的具体例子：

■ 对于点击按钮、移动滚动条或操作某一对象的反馈延迟；

■ 阻碍其他活动的耗时操作，并且无法取消（见图 14.2a）；

■ 对于长时间的操作没有给出时间预估（见图 14.2b）；

■ 卡顿、难以识别的动画；

■ 在执行用户未请求的"后台处理"任务时，忽略用户的输入。

a) MacOS X　　　　　　　　　　　b) iMovie

图 14.2　没有进度条（仅有一个忙碌条）并且无法取消的操作

这些问题阻碍了用户的工作效率，让他们倍感沮丧和烦恼。不幸的是，尽管有很多研究表明响应性对用户的满意度和生产力至关重要，但现今许多交互系统的响应性仍然较差（Johnson，2007）。

14.2　人脑的许多时间常量

为了理解人类用户对交互系统的时间要求，我们将从神经生理学开始。

　　人类的大脑和神经系统实际上并不是一个单一器官，而是由一系列基于神经元的器官组成的，这些器官出现在进化的不同阶段（见第 10 章）。这个集合提供了各种各样的感官、调节、运动和认知功能。毫不奇怪，这些功能以不同的速度运作。有些运作得非常快，可以在几分之一秒的时间内执行，而另一些功能则要慢上许多倍，需要几秒、几分钟、几小时甚至更长的时间跨度来执行。

　　我们不同的感官系统以不同的速度运作。例如，大脑处理听觉和触觉输入的速度比处理视觉输入快。但当我们拍手时，我们感知到拍手的声音、触感和视觉几乎同时发生。大脑等待来自我们所有感官的输入，然后编辑时间线，以同步来自耳朵、手和眼睛的输入（Eagleman，2015）。如果这让你觉得，你有意识的自我存在于过去的顷刻之间，那么你是对的，确实如此。

　　大脑多种运行速度的第二个例子是自动加工（系统 1）和受控加工（系统 2）之间的差异[⊖]。自动加工，如演奏记忆中的音乐作品，以"时钟"的运作方式计算，比高度监控、受控制的加工（如创作音乐作品）至少快 10 倍。

　　第三个例子是退缩反射。大脑中一个叫作上丘的区域（进化过程中古老的大脑）可以"看到"一个快速接近的物体，并在你的大脑皮层（新大脑）感知并识别该物体之前，让你退缩或抬起手臂保护自己。与皮层不同的是上丘脑无法识别物体，但它并不需要识别，只需要激活你身体的反射机制来防御快速袭来的物体。

　　"大脑需要多长时间来……"的补充栏目中提供了一些重要的感知与认知的大脑功能持续时长。大多数是不言自明的，但有几个需要进一步解释。

大脑需要多长时间来……

　　表 14.1 显示了影响我们对系统响应性知觉的感知和认知功能的持续时间，从最短到最长（Card et al.，1991；Johnson，2007；Sousa，2005；Stafford & Webb，2005）。那些不太明显的将在后面进行更详细的解释。

表 14.1　感知和认知功能的持续时间

感知和认知功能	持续时间
我们能够在声音中检测到的最短静默间隔	1ms（0.001s）
听觉神经元（大脑中最快速的神经元）峰值之间的最短时间间隔	2ms（0.002s）

⊖　见第 10 章。

（续）

感知和认知功能	持续时间
视觉刺激能够出现并对我们产生影响（可能是无意识的）的最短时间	5ms（0.005s）
使用触控笔绘图时，墨水的最小可察觉延迟	10ms（0.01s）
连续声脉冲进行听觉融合形成音调的最大时间间隔	20ms（0.02s）
连续图像进行视觉融合的最大时间间隔	50ms（0.05s）
退缩反射（对潜在危险的无意识运动反应）的时间	80ms（0.08s）
一个视觉事件和我们完全感知到它之间的时间延迟（或感知周期时间）	100ms（0.1s）
感知到事件和声音的"锁定"的时间阈值	100ms（0.1s）
扫视（无意识眼动）的持续时间，期间视觉被抑制	100ms（0.1s）
感知一个事件引起另一个事件的最大时间间隔	140ms（0.14s）
一个熟练读者的大脑理解一个打印单词所需的时间	150ms（0.15s）
在我们的视野中，直观判断4～5个物体（确定数量）的时间	200ms（0.2s；每个物体50ms）
大脑对事件的存在和顺序进行编辑的"窗口"的时间	200ms（0.2s）
识别（即命名）一个视觉呈现的物体所需的时间	250ms（0.25s）
当场景中物品超过四个时，在头脑中计数每个物品所需的时间	300ms（0.3s）
在识别一个物体后的注意瞬脱（对其他物体的忽略）的时间	500ms（0.5s）
视觉 - 运动反应时间（对意外事件的有意识反应）	700ms（0.7s）约 1s
人际交流中，沟通之间的最长静默时间间隔	约 1s
不间断地执行单一任务（"单元任务"）的时间	6～30s
在紧急情况下做出重要决策的时间（例如，医疗分诊）	1～5min
重要购买决策的时间（例如，购买一辆汽车）	1～10 天
选择终身职业的时间	20 年

14.2.1　我们能够在声音中检测到的最短静默间隔：1ms

对于短暂事件和微小差异，我们的听觉比我们的视觉更敏感。我们的耳朵使用机械声音传感器而非电化学神经回路进行操作。鼓膜将振动传递给中耳的听小骨（中耳骨），听小骨再将振动传递给耳蜗的毛细胞，当毛细胞振动时，会触发电脉冲传送到大脑。由于连接是机械性的，我们的耳朵对声音的响应速度比我们视网膜的视杆和视锥细胞对光的响应速度要快得多。这种速度使我们的听觉系统能够检测到声音到达我们两只耳朵时极小的时间差异，从而大脑可以计算出声源的方向。

14.2.2　视觉刺激能够出现并对我们产生影响（可能是无意识的影响）的　　　　最短时间：5ms

这就是所谓的潜意识感知的基础。如果给你看一个图像 5～10ms，你不会注意到它，但视觉系统的低层次部分会记录下来。这种对图像的短暂暴露会增加你对它的熟悉度，如果你稍后再次看到它，就会觉得熟悉。图像或迫近的物体的短暂暴露也可以触发旧大脑的反应，包括回避、恐惧、愤怒、悲伤、喜悦，即使图像在意识到之前就消失了。然而，与流行的观念相反，潜意识感知并不能对行为产生强力的决定性影响。它不能让你做你原本不会做的事情，或者想要你原本不会想要的东西（Stafford & Webb，2005）。

14.2.3　退缩反射（对潜在危险的非自主运动反应）的时间：80ms

当一个物体，甚至是一个影子，迅速向你靠近，你听到附近的巨响，或者突然有东西推、戳或抓住你时，你的反射动作便是退缩：逃离、闭上眼睛、举起双手进行防御等。这就是退缩反射。与对察觉到的事件进行有意识的反应相比，退缩反射非常快速，大约快 10 倍。退缩反射的速度不仅在实验中得到了证明，而且在对遭受袭击或遭遇车祸的人们的伤害检查中也得到了验证；通常，他们的手臂和手部的伤口表明他们曾在瞬间设法举起双手保护自己（Blauer，2007）。

14.2.4　一个视觉事件和我们完全感知到它之间的时间延迟（或感知　　　　周期时间）：100ms

从外部事件的光线照射到你的视网膜，到与该事件相关的神经冲动到达大脑皮层，大约需要 0.1s 的时间。假设我们对于世界的自觉意识滞后于真实世界 0.1s，那么这种滞后会对我们的生存不利：当你在捕捉一只飞奔过草地的兔子时，0.1s 就太长了。大脑通过 0.1s 来补偿推算移动物体的位置。因此，当一只兔子在你的视野中奔跑时，你看到的是大脑估算出的现在的位置，而不是 0.1s 前的位置（Stafford & Webb, 2005）。然而，在你意识到事件之前，大脑还会编辑事件的顺序（见下文关于编辑窗口的解释），所以如果奔跑的兔子突然向左转，处于推算状态的大脑不会错误地使你看到它在笔直前行，然后再原路返回的情况。

14.2.5　感知到事件和声音的"锁定"的时间阈值：100ms

如果一个视觉事件和其相应声音之间的延迟小于 0.1s，大脑就会"锁定"它们。假设你在几百米外看一个人打鼓，你会首先看到他打鼓，然后听到声音，离鼓手越近，延迟越短。然而，如果延迟不到 100ms（在大约 33.5m 的距离），大脑就会将视觉感知"锁定"到听觉感知上，你就不会再注意到延迟。这个事实意味着电视节目、电影、电子游戏和其他视觉媒体的编辑可以在人们觉察之前，允许视觉画面和音频的同步存在 100ms 的误差（Bilger，2011；Eagleman，2015）。

14.2.6　扫视（无意识眼动）的持续时间（在此期间视觉会被抑制）：100ms

正如第 6 章所述，我们的眼睛频繁运动且大部分是无意识的，大约每秒发生三次。我们称之为扫视眼球运动或眼跳。每次眼跳大约持续 1/10s，在此期间视觉会被抑制或关闭，这种短暂的视觉中断称为扫视掩蔽。有趣的是，我们意识不到这些空白间隔，大脑在信息传递到我们的意识之前会将这些空白间隔进行编辑和衔接，营造出这些间隔不存在的错觉。你可以面对镜子，轮流注视自己的左眼和右眼来验证这一现象。当眼睛移动时，你不会观察到任何空白间隔，也不会看到自己的眼睛在运动，仿佛这一运动瞬间发生一样。然而，观察者会看到你的眼睛来回移动。以他们的角度来看，眼睛从左到右来回移动的时间非常明显（Bilger，2011；Eagleman，2012）。

14.2.7　感知一个事件引起另一个事件的最大时间间隔：140ms

这个时间间隔是感知到因果关系的截止时间。如果一个交互系统在超过 0.14s 后才对你的操作进行回应，你将不会感知你的操作引发了这一反馈。例如，如果你输入的字符的回显比你打字的时间滞后 140ms 以上，那么你就会失去正在打字的感知。你的注意力会从文本的含义转移到打字的行为上，从而速度变慢，使打字不再是自动处理而是有意识的处理，增加出错概率。

14.2.8　在我们的视野中，直观判断 4～5 个物体（确定数量）的时间：200ms

如果有人把两枚硬币扔到桌子上，并问你有多少枚硬币，你只需要瞥一眼就能知道有两枚，并不需要实际地数数。你也可以用同样的能力处理三或四枚硬币，有些人可以处理五枚，这个能力被称为数感（subitizing）。超过四或五枚，就会更难。现在你需要数数了，如果硬币碰巧在桌子上分成不同的组，你可以分别对每个子组进行数感，并将结果相加。这就是为什么当我们用刻度记数时，我们将刻度分为四组，然后用第五个刻度横跨这一组，就像这样：╫╫╫ ╫╫╫ ‖。数感似乎是瞬间完成的，但实际上并非如此。每个物体大约需要 50ms（Card 等人，1983；Stafford & Webb，2005）。然而，与显性计数相比，每个物体所需的时间要少得多，显性计数大约需要每个物体 300ms。

14.2.9　大脑对事件的存在和顺序进行编辑的"窗口"时间：200ms

我们感知事件的顺序不一定与它们发生的顺序相同。大脑在约 200ms 的时间内具有一个移动的"编辑窗口"，在这个窗口内，感知和回忆的事项争夺进入意识的机会。在这个时间窗口内，本来可能进入意识的事件和物体可能被其他事件所取代，甚至是那些在时间上稍晚发生的事件（在窗口内）。在窗口内，事件在进入意识的过程中也可以被重新排序。举个例子：我们看到一个点消失了，马上又在新的位置出现，像是在移动。为什么会这样呢？我们的大脑肯定不是通过"猜测"第二个点的位置，并在该方向上向我们展示"虚幻"的移动，因为无论新物体出现在哪里，我们都能看到它在正确方向上移动。答案是，在点出现在新位置之前，我们实际上并没有感知到移动，但大脑对事物进行重新排序，使我们似乎在点重新出现之前就看到了其移动。第二个点必须在第一个点消失后不到 0.2s 的时间内出现，大脑才能对其重新排序（Stafford & Webb，2005；Eagleman，2012，2015）。

14.2.10　在识别一个物体后的注意瞬脱（对其他物体的忽略）的时间：500ms

正如第 1 章所述，这是我们的感知有偏差的一种方式。简单来说，如果你注意到或听到某件事或某个人引起了你的注意，你在大约半秒钟内对其他事件实际上是聋哑和盲目的。你的大脑处于"忙碌"模式。

在同事的帮助下，你可以探究"瞬脱"现象。首先选择两个单词并告诉同事，然后解释说，你将朗读单词列表，希望在朗读完毕之后知道列表中是否包含这两个单词中的任何一个。然后以每秒三个单词的速度，快速朗读这个长长的单词列表。在列表中的某个位置，包含一个目标单词，如果第二个目标单词紧随第一个单词之后（在一两个单词项内），那么你的同事可能不会听到第二个单词。

14.2.11　视觉 – 运动反应（对意外事件的有意识反应）时间：700ms

这个时间间隔是你的视觉系统注意到环境中的某事物，并启动有意识的运动动作以及运动系统执行该动作所需的时间。举例来说，当你驾驶汽车接近一个十字路口时，红灯亮起，这是你注意到红灯、决定停车并将脚放在刹车踏板上所需的时间。这里的 700ms 并不包括实际停车所需的时间。车辆停止的时间取决于车速、车轮下的路面状况等因素。

这个反应时间不同于退缩反射，即旧脑对迅速接近的物体做出自动反应，使你闭上眼睛、躲避或抬起双手保护自己。那个反射速度大约快 10 倍（参阅前文）。

视觉 – 运动有意识反应时间是估计值，它因人而异。它还会受到分心、瞌睡、血液中的酒精含量以及可能的年龄影响而增加。

14.2.12　人际交流中，沟通之间的最长静默时间间隔：约 1s

这是对话中大致常见的间隔长度。当间隔超过这个限制时，参与者（无论是发言者还是听众）通常会说些什么来维持对话的进行：他们会插话说"嗯"或"嗯嗯"，或者接过话题成为发言者。听众对这样的停顿做出反应的方式，是将注意力转向发言者以观察是什么原因使其停了下来。这种间隔的确切时长因文化而异，但始终在 0.5~2s 之间。

14.2.13　不间断地执行单一任务（"单元任务"）的时间：6~30s

当人们执行任务时，他们会将其分解成多个小块的子任务。例如，在网上购买机票时，包括以下步骤：①访问旅行网站或航空公司网站；②输入行程细节；③浏览结果；④选择航班；⑤提供信用卡信息；⑥审核购买；⑦完成购买。其中一些子任务被进一步拆分，例如，输入行程细节包括逐个输入起始地、目的地、日期、时间等。将任务拆解为子任务的过程，以这些细碎的子任务能够被持续专注而无干扰地完成作为结束，这些子任务的目标和所需信息要么存储在工作记忆中，要么可以直接从环境中感知到。这些底层子任务被称为"单元任务"（Card et al.，1983）。在完成单元任务之间的空隙，人们通常会抬头看一下工作之外的事物，检查是否有其他需要关注的事情，也许看看窗外或喝一口咖啡等。在各种活动中观察到的单元任务包括编辑文件、输入支票交易、设计电子电路以及驾驶战斗机进行空中战斗等，而它们的时间通常都在 6~30s。

14.3　工程学近似的时间常数计算：数量级

交互系统设计应该满足用户的时间要求。然而，想要试图为各种感知和认知时间常数设计交互系统几乎是不可能的。

但设计交互系统的人是工程师，而不是科学家。我们不必考虑与大脑相关的所有时间常数和时钟周期时间，只需要设计能够为人类工作的交互系统就好了。这种更加概括的要求可以让我们自由地将众多感知和认知时间常数整合为一个更小的集合，这样更容易教授、记忆并在设计中使用。

通过查看表 14.1 中列出的关键时间长度，我们可以得到一些有用的分组。与声音感知相关的时间都在毫秒级别，所以我们可以将它们都归纳为这一数值。无论它们是真正的 1ms、2ms 还是 3ms，我们并不关心。我们只关心 10 倍的量级。

同样地，还有一组时间长度约为 1ms、10ms、100ms、1s、10s 和 100s。100s 以上的时间已经超出了大多数交互设计师关心的范畴。因此，对于交互系统设计来说，这些整合后的截止时间提供了所需的准确度。

需要注意的是，这些截止时间也带来了便利：每个连续的截止时间都是前一个截止时间的 10 倍，即一个数量级。这使得设计师非常容易记住这个系列，虽然要记住每个截止时间代表了什么还是有挑战的。

14.4 设计以满足实时人机交互的截止时间

为了让用户感到响应及时，交互软件必须遵守以下准则：

- 即使返回结果需要一些时间，也要立即响应用户的操作，保持用户对因果关系的感知。
- 让用户知道软件何时繁忙、何时不忙。
- 让用户在等待一个操作完成的同时，可以进行其他操作。
- 动画要平滑而清晰。
- 让用户能够中止（取消）他们不想进行的冗长操作。
- 让用户评估冗长的操作将花费多少时间。
- 软件应尽可能让用户按照自己的工作节奏进行操作。

在这些准则中，"立即"意味着在 0.1s 之内。如果超过这个时间，用户界面将超出因果感知、反射动作、知觉 - 运动反馈和自动化行为的范畴，进入对话间隙和有目的的行为领域（请参见补充阅读："大脑需要多长时间……"）。在 2s 后，系统已经超出了轮流对话所预期的时间范围，进入了单元任务、决策和计划的时间范围。

现在，我们已经列出了人类感知和认知的时间常数，并将其整合为了一个简化的集

合，我们可以对上述准则中的词语（比如"立即""所需时间""平滑"和"冗长"）进行量
化描述（见表 14.2）。

表 14.2 人机交互的截止时间		
截止时间（s）	感知和认知功能	交互系统设计的截止时间
0.001	■ 最小可检测的无声音频间隙	■ 音频反馈（如音调、"耳标"、音乐）的最大可容忍延迟或中断时间。
0.01	■ 潜意识 ■ 最短可察觉的笔墨滞后（pen-ink lag）	■ 诱发图像或符号的无意识熟悉感 ■ 生成不同音高的音调 ■ 电子墨水的最大滞后时间
0.1	■ 数感（感知数字）1~4 个项目 ■ 无意识眼球运动（扫视） ■ 视听"锁定"阈值 ■ 退缩反射 ■ 对因果关系的感知 ■ 知觉－运动反馈 ■ 视觉融合 ■ 物体识别 ■ 意识的编辑窗口 ■ 感知"瞬间"	■ 假设用户可以在 100ms 内"数"出 1~4 个屏幕项目，但超过 4 个项目需要 300ms/ 个。 ■ 成功的手眼协调反馈（例如，指针移动、物体移动或调整大小、滚动、用鼠标绘图） ■ 同步声音与视觉事件的可接受"误差" ■ 按钮或链接点击的反馈 ■ 显示"繁忙"标识 ■ 语音语调之间允许的重叠时间 ■ 动画帧之间的最大间隔
1	■ 连续思维的最大延迟 ■ 有效导航的最大延迟 ■ 最大对话间隙 ■ 对突发事件的视觉－运动反应时间 ■ 注意瞬脱	■ 显示长时间操作的进度指示器 ■ 完成用户请求的操作（例如，打开窗口） ■ 完成用户未请求的操作（例如，自动保存） ■ 在呈现重要信息后可用于其他计算（例如，使激活非活动对象） ■ 在呈现重要信息后，必须等待一段时间才能呈现更多信息
10	■ 连续专注于一项任务 ■ 单元任务：大型任务的一部分	■ 完成多步任务中的一步（例如，文本编辑器中的一次编辑） ■ 完成用户对操作的输入 ■ 完成向导（多步对话框）中的一个步骤
100	■ 在紧急情况下做出关键决策	■ 确保在决策情境中提供能够在此时间内找到所有需要的信息

14.4.1 1ms

如前所述，人类听觉系统对时间间隔很短的声音非常敏感。如果交互系统提供可听的反馈或内容，其音频生成软件应该在开发中注意避免网络瓶颈、被替换、死锁和其他形式的中断。否则，可能会出现明显可察觉的间隔、咔嗒声或音轨不同步的问题。音频反馈和内容应该由时间精确的进程提供，这些进程有着高优先级和足够多的资源。

14.4.2 10ms

潜意识在交互式系统中很少使用，所以我们不需要关心这个问题。简而言之，如果设计师想要在用户无意识的情况下增强对某些视觉符号或图像的熟悉度，他们可以通过以10ms 的间隔重复呈现图像或符号来实现。值得一提的是，尽管对图像进行极短的曝光可以增加用户的熟悉度，但效果较弱，不足以使人们喜欢或不喜欢特定的产品。

软件产生音调的一种方式是以不同的频率发出点击的咔嗒声。如果咔嗒声间隔小于10ms，听觉会处理成一个持续的嗡嗡声，其中的音调部分由点击频率决定。如果咔嗒声之间的间隔超过 10ms，用户就会听到单独的咔嗒声。

对于用户使用手指或触控笔进行书写的系统，应确保电子"墨水"不会比实际操作滞后超过 10ms，否则，用户会注意到延时并感到恼火。

14.4.3 0.1s

如果软件等待超过 0.1s 才对用户的操作做出反馈，那么因果关系的感知就会被打破；软件的反馈可能就不会被视为用户操作的结果。对于正在直接操作显示器上的对象的用户而言，满足 0.1s 的时限至关重要（Nielsen，2010）。因此，屏幕上的按钮有 0.1s 的时间来反馈它们已被点击，否则用户会认为他们没有点击成功而再点击一次。这并不意味着按钮必须在 0.1s 内完成它们的功能，只是它们必须在该截止时间内显示已被按下。

关于退缩反射的主要设计要点是，交互系统不应该使用户感到惊恐而退缩。除此之外，退缩反射和它的持续时长似乎与交互系统的设计并没有太大关系。很难想象退缩反射在人机交互中有什么有益的用途，但我们可以想象，在发出巨响、操纵杆的突然触觉冲击或三维虚拟环境游戏中的某些情况，都可能会使用户退缩。例如，如果一辆车检测到即将发生的碰撞，它可以做一些事情让乘客形成退缩反射，以帮助保护他们免受撞击。

如果用户正在拖动或调整大小的对象比用户的动作滞后 0.1s 以上，他们就很难按预期放置或调整该对象。因此,交互系统应该优先考虑手眼协调任务的反馈,使反馈永远不超过这个截止时间。如果无法达到这个截止时间,系统应该设计成不需要手眼协调的任务。

如果一个操作需要超过感知的"瞬间"(0.1s)才能完成,它应该显示一个忙碌的标识。如果忙碌的标识能够在 0.1s 内显示出来,它还可以作为行动的确认。如果不能,软件的反馈应该分为两部分:0.1s 内的快速确认,然后是 1s 内的忙碌(或进度)标识。更多关于显示忙碌标识的指导将在下文呈现。

在这个大概的时间窗口内,事件到达意识之前,大脑可以对事件进行重新排序。如果人类语言出现了不按顺序的情况,就很容易倾向于进行大脑的重新排序。如果你听几个人说话,有些人在前一个人说话结束之前就开始说话(在时间窗口内),大脑会自动"整理"他们的发言,使你觉得是按顺序听到的,并没有感知到重叠。电视和电影有时就利用这种现象来加快那些在正常情况下会耗时太长的对话的速度。

我们也认为每秒 10 帧是感知流畅动画的最低帧率,尽管真正流畅的动画实际需要的帧率是每秒 20 帧。

14.4.4 1s

计算机系统在 1s 内做出响应,可以使用户在其工作中或朝着目标行进的过程中保持无缝、连续的思维过程(Nielsen,2010)。

因为 1s 是对话中预期的最大间隔,且交互系统的操作是一种对话形式,因此,交互系统应该避免在对话的一侧出现长时间的间隔。否则,用户会想知道正在发生什么。系统有大约 1s 的时间来执行用户的要求,或者说明执行需要多长时间。否则,用户会变得烦躁。

如果一个操作需要超过几秒,就需要使用进度指示标识。进度指示标识是交互系统一侧保持其预期对话协议的一种方式:"我正在解决问题。这是我已经完成的进度,以及所需剩余时长的指示。"关于进度指示标识的更多指南将在下文呈现。

1s 也是用户对意外事件有意识地做出反应所需的最短时间。因此,当信息突然出现在屏幕上时,设计师可以假设用户至少需要 1s 的时间来做出反应(除非它引起了退缩反应,请参考上文)。当系统需要显示一个交互对象,但不能在 0.1s 内同时渲染对象并使其可交互时,延迟时间会很有用。相反,系统可以显示一个"虚假的"、非互动版本的对象,然后花时间(1s)来填充细节,并使对象完全可交互。计算机在 1s 内是可以完成很多工作的。

14.4.5　10s

10s 是人类注意力的大致时间限制，即短期记忆，除非有什么事情刷新了思维。因此，它是"单元任务"的大致持续时间，人们通常用这个时间单位来拆解计划和执行更大的任务。超过 10s 的中断会导致用户的思维游离，当计算机最终做出响应时，用户必须以某种方式将思维重新引回他们正在做的事情上（Nielsen，2010）。

单元任务的例子有：在文本编辑程序中完成一次编辑，在银行账户程序中输入一笔交易，以及在飞机对战中执行特定的操作。软件应该支持将任务分割成这些 10s 一组的片段。

10s 也大致是用户愿意花费在设置"重量级"操作（如文件传输或搜索）上的时间限制，如果时间再长，用户就会失去耐心。如果系统提供了进度反馈，计算结果可能需要更长时间。

同样，多页"向导"对话框中的每一步骤应该最多花费用户大约 10s 的时间。如果向导的某个步骤完成所需的时间明显超过 10s，则应该将其拆分为多个更小的步骤。

14.4.6　100s

支持快速关键决策的交互系统应被如下设计：使所有必要信息要么都显示在决策者面前，要么可以通过最轻量的浏览或搜索轻松获得。对于这种情况，用户只需将眼睛移到显示[⊖]的地方就能获得所有关键信息（Isaacs & Walendowski，2001）。

14.5　实现响应式交互系统的附加准则

除了针对每个综合人机交互截止时间的设计准则外，还有实现交互系统响应性的通用准则。

14.5.1　使用忙碌标识

忙碌标识的复杂度各不相同。最简单的有静态等待光标（例如，沙漏）。它们提供的信息很有限，只是说明软件暂时被占用了，无法对用户的其他操作进行响应。

其次是等待的动画效果。一些是动态的等待光标，比如 MacOS 的旋转色轮。有些等待动画不是光标，而是屏幕上其他地方的大图形，比如一些浏览器中显示的"正在下载数据"动画。相比静态等待光标，等待动画对用户更加友好，因为它们显示系统正在工作，

　⊖　有时被称为"无点击"用户界面。

而不是崩溃或卡住以等待网络连接或数据解锁。当然，忙碌的动画应该随着它们所代表的实际计算而循环播放。那些只由一个功能简单触发，但却独立运行的并不是真正的忙碌动画——即使所代表的进程已然停滞或崩溃，它们还依然保持运行，从而误导用户。

有时候，人们会找各种借口不显示忙碌标识，理由是该功能应该执行得很快，所以不需要显示。但是，到底有多快呢？如果该功能并不总是执行得如此之快呢？如果用户的计算机比开发者的计算机慢得多，或者配置不理想呢？如果该功能试图访问暂时被锁定的数据呢？如果该功能需要访问网络服务，而网络此刻卡住了或负载过重呢？

即使这个功能通常都能快速执行完成（例如，在 0.1s 之内），软件也应该为任何阻止用户进一步操作的功能显示一个忙碌标识。如果出于某种原因该功能被阻塞或卡住了，那么这个标识会对用户非常有帮助。此外，它也没有任何坏处：当功能以正常速度执行时，忙碌标识会迅速出现并且消失，用户几乎不会察觉到。

14.5.2　使用进度标识

进度标识比忙碌标识更好，因为它们让用户能够看到剩余的时间。同样，显示进度标识的时间期限是 1s。

进度标识可以是图形形式（例如，进度条），也可以是文本形式（例如，显示剩余文件数量），或者是图形和文本的结合。它们极大地增强了应用程序的响应性，即使它们并没有缩短完成操作所需的时间。

对于任何需要花费几秒以上的操作，都应该显示进度标识。操作时间越长，进度标识就越重要。许多非计算机设备都提供了进度标识，所以我们常常认为这是理所当然的。如果电梯不显示楼层进度，会很令人恼火。

以下是设计有效的进度标识的一些建议（McInerney & Li，2002）：

- 显示剩余的工作量，而不是已完成的工作量。不好的显示："已复制 3 个文件。"好的显示："已复制 4 个文件中的 3 个。"
- 显示总进度，而不是当前步骤的进度。不好的显示："这一步还剩 5s。"好的显示："总共还剩下 15s。"
- 显示一个操作完成的百分比，从 1% 开始而不是 0%。如果条形图在 0% 处停留超过 2s，用户会感到担忧。
- 同样地，在一个操作结束时，只需短暂显示 100%，如果进度条在 100% 处停留超过 2s，用户会认为出现了问题。

- 显示平滑、线性的进度，而不是断断续续、爆发式的进度。
- 使用人类日常可理解的精度，而不是计算机的精度。不好的显示："240s"。好的显示："大约 4min"。

14.5.3 单元任务之间的延迟比单元任务内部的延迟更容易被接受

单元任务不仅有助于理解用户如何（以及为什么这样做）分解大型任务，还可以揭示系统何时响应延迟最有害以及何时最无害。

在执行单元任务时，用户会将目标和必要的信息保存在工作记忆或感知区域内。在完成一个单元任务后，进入下一个任务之前，他们会稍作休息，然后将下一个单元任务所需的信息加载到记忆或视图中。

由于在单元任务期间，工作记忆和感知区域的内容必须保持相对稳定，因此在单元任务期间出现意外的系统延迟尤其有害且令人讨厌。它们可能导致用户失去对正在进行的部分甚至全部任务的追踪。相比之下，单元任务之间的系统延迟并不那么有害或让人讨厌，即使它们可能会降低用户的整体工作效率。

这种在单元任务内部和单元任务之间的系统响应延迟所造成影响的差异，有时会在用户界面设计准则中以任务封闭度进行表达，正如经典的用户界面设计手册 *Human-Computer Interface Design Guidelines*（Brown，1988）中所描述的那样：

决定可接受的响应延迟的一个关键因素是任务封闭度。在完成一个重要的任务单元后出现延迟可能不会困扰用户或对性能产生不良影响。然而，在较大任务单元中的各个小步骤之间出现延迟，可能会导致用户忘记下一个计划步骤。一般而言，具有较高封闭度的操作（例如，将已完成的文档保存到文件中）对响应时间的延迟不太敏感。而具有最低封闭度的操作（例如，输入一个字符并在显示屏上看到其回显）对响应时间的延迟最为敏感。

总之，如果一个系统必须强加延迟，则应该加在单元任务之间，而不是在任务内部之内。

14.5.4 首先显示重要信息

交互系统可以通过先显示重要信息再显示详细信息和辅助信息，使系统看起来速度很快。不要等到所有显示内容完全渲染完成后再让用户看到它。尽快给用户提供一些可以思考和采取行动的内容。

这种方法有几个好处。它可以分散用户对其他信息缺失的注意力，并让他们相信计算机快速地完成了他们的请求。研究表明，相比于进度标识，用户更喜欢渐进式结果（Geelhoed et al., 1995）。逐步显示结果使用户可以开始计划他们的下一个单元任务。最后，由于前文提到用户对所看到的内容存在有意识地做出反应的最短时间，因此，在用户尝试做任何操作之前，这种方法能为系统多提供至少 1s 的时间追赶上来。以下是一些示例：

- **文档编辑软件**。当你打开文档时，软件会第一时间显示第一页，而不是等待整个文档加载完毕才显示。
- **网页或数据库搜索引擎**。当你进行搜索时，应用程序会在找到结果后立即显示，同时继续搜索更多匹配结果。

高分辨率的图像有时渲染得很慢，特别是在网络浏览器中。为了减少用户对图像渲染的感知时间，系统可以先快速渲染出低分辨率的图像，然后以更高的分辨率重新渲染。由于视觉系统是整体处理图像的，因此这种方式比从上到下逐步显示全分辨率的图像更快（见图 14.3）。有一种例外情况：对于文本，不推荐先以低分辨率呈现后再替换为高分辨率版本，这会让用户感到不舒服（Geelhoed et al., 1995）。

a）低分辨率

b）全分辨率

图 14.3 如果显示图像的时间超过 2s，首先以低分辨率显示整个图像，而不是以全分辨率从上往下显示

14.5.5　在手眼协调任务中的伪重量级计算

在交互系统中，一些用户动作需要通过手眼协调来快速连续地进行调整，直到达成目标。例如，浏览文档、在游戏中移动角色、调整窗口大小或将对象拖动到新位置。如果反馈延迟超过 0.1s，用户将难以达成目标。当系统无法快速更新显示以满足手眼协调的时限时，可以提供轻量级的模拟反馈，直到目标清晰明确，然后再执行真实的操作。

图形编辑器在用户试图移动或缩放对象时提供的虚线框轮廓就是在伪造反馈。一些文档编辑程序对内部文档数据结构进行快速而粗略的修改，以表示用户操作的效果，之后再进行调整优化。

14.5.6　提前处理

尽可能在用户之前进行处理。软件可以利用低负载期，来预先计算对高概率请求的响应。因为用户是人，所以会有低负载的时期。交互系统往往要花很多时间来等待用户的输入。不要浪费这些时间！而要用这些时间为用户可能想要的事情做准备。即使用户并不需要它，又有什么关系呢？软件是在"空闲"时间内完成的，又不会占用其他任何时间。以下是利用后台处理提前为用户完成工作的一些示例：

- 文本搜索功能在你查看当前单词时，已经在搜寻目标单词的下一个出现位置。当你要求该功能查找下一个单词时，它已经找到了，因此看起来非常快。
- 文档查看器在你查看当前页面时，已经在渲染下一页。当你要求查看下一页时，它已经准备好了。

14.5.7　根据优先级而不是接收顺序处理用户的输入

完成任务的顺序往往很重要。盲目地按照请求的顺序执行任务可能会浪费时间和资源，甚至会增加额外的工作量。交互系统应该寻找机会对任务进行重新排序。有时重新排序可以提高完成整个任务集的效率。

航空公司的工作人员会在办理值机手续的长队中寻找那些航班马上就要起飞的乘客，并尽快帮他们办理登机手续，这使用的就是非顺序输入处理。在网页浏览器中，单击"返回"或"停止"按钮或点击链接后，会立即中止加载和显示当前页面的进程。考虑到加载和显示一个网页可能需要很长时间，对于用户接受度来说，中止页面加载的能力至关重要。

14.5.8　监测时间的遵从情况，降低工作质量以保障进度

交互系统可以衡量其是否能够满足实时的时间期限。如果系统未能按时完成或确定存在错过即将到来的期限的风险，它可以采用更简单、更快的方法，而这通常会导致输出质量的暂时降低。这种方法必须基于实时，而不是处理器的周期，以便在不同的计算机上产生相同的响应性。

一些交互式动画使用这种技术。如前所述，动画需要每秒约 20 帧的帧率才能看起来流畅。在 20 世纪 80 年代末，施乐公司 Palo Alto 研究中心的研究人员开发了一个用于展示交互动画的软件引擎，将帧率作为动画最重要的方面（Robertson et al., 1989, 1993）。如果图形引擎因为图形复杂或用户与之交互而难以维持最低帧率，它就会简化渲染，牺牲一些细节，如文本标签、三维效果、高光照度和阴影以及颜色。研究人员认为，与其让帧率下降到 20/s 以下，不如将三维动画图像暂时简化为线条绘制。

14.5.9　即使在网页端，也能提供及时反馈

在网页上要满足上述时间期限可能很难。然而，这些时间期限是心理上的时间常数，是在进化过程后深植于我们的大脑里的，它们决定了我们对响应性的感知。我们不可以随意调整它们，以适应网页或任何其他技术平台限制的目标。此外，在本书流通期间，它们不会发生变化。即使是基于浏览器的交互系统，如果不能满足这些时间期限，用户也会认为其响应性和质量都很差。

例如，Hoxmeier 和 DiCesare（2000）发现，使用自主选择网站和 Web 应用程序的用户（即他们的工作不需要使用）对于超过大约 10s 的延迟是难以容忍的。更长的延迟会使人们不愿继续使用应用程序或网站。网页设计专家 Jakob Nielsen（2010 年）对这一时限表示赞同：

> 10s 的延迟往往会使用户立即离开网站……即使是几秒钟的延迟也足以造成令人不快的用户体验……在反复的短暂延迟下，用户会放弃，除非他们非常想完成这个任务。

然而，其他研究人员和设计专家认为 10s 太宽松了。一些研究发现，软件响应时间超过 2s 就会导致用户不满（Shneiderman，1984；Nah，2004）。另一些研究发现，随着延迟时间的增加，用户对网页加载的满意度会下降，但超过 4s 就不再下降了，这说明 4s 是一个阈值。为什么存在这些差异？一些研究测试了对点击的响应延迟，而另一些则测试了网

页加载时间。有些在延迟期间提供了反馈，如忙碌标识、进度条、剩余时间显示，而其他则没有提供。此外，一些研究通过实验后的问卷调查来衡量满意度/不满意度，而其他研究则衡量用户放弃等待的时间点。

尽管关于用户能够容忍的延迟时间，研究人员尚未达成一致的意见，但最重要的结论是，用户不会永远等待。自主选择软件应用程序和网站的开发人员不能简单地假设用户会接受软件提供的任何响应时间。

第二个重要的启示是，显示网站正在响应的反馈会增加用户愿意等待响应的时间（Nah，2004）。

设计师和开发人员如何在网页上最大限度地提高响应性？以下是几种方法：

- 尽量减少图片的数量和尺寸。在网页上显示的图片可以具有比用于打印的图像更低的分辨率。
- 为所有图片提供高度和宽度尺寸，以便浏览器可以在加载和显示图片之前对页面进行布局。同时，为所有图片提供 ALT 文本，以便浏览器在渲染图片之前显示图片的用途。
- 提供快速显示的缩略图或概览，并提供显示详细信息的方式，但只在需要时显示详细信息。
- 当数据量过大或耗时过长时，设计系统可以提供所有数据的概述，并允许用户深入数据的特定部分，以获取所需的详细信息。
- 使用串联样式表（CSS）而不是展示性的 HTML、框架或表格来设置样式和布局页面，以便浏览器能够更快地显示页面。
- 出于同样的原因，使用内置的浏览器组件（例如错误对话框）而不是用 HTML 构建网站。
- 使用客户端脚本，以减少用户交互所需的互联网流量。
- 如果你的网站或应用程序始终存在明显的延迟，使用性能监测工具找出延迟发生的位置，比如浏览器、Wi-Fi、用户设备的互联网连接、互联网服务提供商、服务器与互联网的连接、服务器端（后端）系统，并尽可能解决问题。

14.5.10 确保移动端应用程序符合人类的时间要求

与网页端用户一样，手机端用户通常无法容忍他们使用的应用程序出现延迟。移动设计专家 Craig Isakson（2013）评论道："许多移动应用程序的最大问题之一就是它们的……响应时间。"鉴于许多人浪费了大量的时间盯着他们的手机，这可能会显得有些讽刺，但这是事实。如果点击一个功能按钮后没有在一两秒内反馈结果，同时又没有提供检测到点击的反馈，许多用户就会再次点击它，认为自己第一次点击没有成功。如果一个应用程序不能让用户流畅地滚动浏览动态消息，不能在几秒钟内显示他们请求的信息，或者上传图片、视频花费的时间太长，他们就会很快放弃使用该应用程序。

幸运的是，在移动应用程序中实现令人满意的响应性的指南与在桌面应用程序和网站中实现的指南基本相同（参见上文）。最重要的是，与网站一样，如果你的应用程序经常出现延迟，请诊断延迟发生的位置并进行修复。

14.6　结论：实现高响应性非常重要

通过遵循本章和引用的参考文献中描述的响应性指南，交互设计师和开发者可以创造符合人类实时期限要求的应用程序和网站，从而使用户感知到其迅捷的响应性和不错的质量。

然而，软件开发者首先必须认识到以下关于响应性的事实：

- 它对用户来说非常重要。
- 它与性能不同，响应性问题不能仅仅通过性能优化或者使用更快的处理器或网络来解决。
- 它是一个设计问题，而不仅仅是一个实现问题。

历史表明，更快的 CPU 和更快的网络并不能解决这个问题。如今的个人计算机和智能手机的速度已经达到了 30 年前超级计算机的水平，然而人们仍然在等待他们的计算机、平板计算机和手机的响应，并抱怨其缺乏响应性。即使在 20 年后，当个人计算机和电子设备变得与今天最强大的超级计算机一样强大时，响应性仍然是一个问题，因为那时的软件会对机器和连接它们的网络提出更高的要求。

例如，今天的应用程序在后台进行拼写检查和语法检查，而未来的版本将在后台进行基于互联网的事实检查。今天的应用程序进行单词补全和自动更正，明天的应用程序将进行想法补全和更正。今天的智能手机和智能音箱进行语音识别和生成，明天的同类产品将能够进行语音识别和对话，甚至可能进行讨论。此外，20 年后的应用程序将以这些技术为基础：

- 人工智能、神经网络和机器学习。
- 演绎推理。
- 直接的脑机交互。
- 图像和视频分析与识别。
- 下载和处理大小为 TB 级别的文件。
- 数十个家用电器之间的无线通信。
- 从数千个远程数据库整理、校对数据。
- 对整个网络进行复杂的搜索。

这将导致系统对计算机和网络的负载比今天的系统要大得多。随着计算机的功能越来越强大，许多计算能力会被需要更多处理能力的应用程序所占用。因此，尽管性能不断提高，但响应性作为一个问题永远不会消失。

有关影响响应性的常见设计缺陷（疏忽）、设计响应式系统的原则，以及实现响应性的更多技巧，可以参考 Johnson（2007）的著作。

14.7　重要小结

- 交互系统的用户界面是一个实时的界面，它必须满足多个实时时间期限，用户才能感知到系统是高度响应的。
- 用户感知到的交互系统响应性是决定用户满意度的重要因素。它与性能是不同的概念。即使一个交互系统的性能再好，它的响应性仍可能很差，而即使它的性能较弱，也可能具有很高的响应性。
- 使一个系统具有响应性的关键因素是，系统能否及时让用户了解其状态和进展信息。
- 为了使交互系统被认为响应迅速，必须满足人类感知和认知过程的持续时长所决定的时间期限。人类感知和认知过程有许多时间常数，但出于设计目的，可以归纳为 6 个：1ms、10ms、100ms、1s、10s 和 100s。
- 即使计算机性能提升，响应性仍然是一个问题，因为我们期望计算机能够完成更多任务。
- 实现响应性的指南：

- 即时响应用户操作，响应时长在 1～10ms 之间。
- 动画流畅，帧率为 10～20 帧 /s。
- 操作时间超过 1s 的任务应该允许用户在等待功能完成时进行其他操作，显示忙碌或进度标识，并允许用户中止（取消）操作。
- 避免在单个任务中出现延迟，但单个任务之间的延迟是可以接受的。
- 首先显示重要信息。
- 如果可能的话，提前为用户进行准备工作，预测可能的请求。

我们都会出差错

　　人们不可避免地会出差错，这是不可否认的事实，没有人是完美的。数字技术的设计师必须接受这个事实。实际上，优秀的设计师不仅会接受这个事实，并且还会在设计时考虑这一点。他们会避免可能导致用户出差错的设计（Norman，2014），创造的数字产品和服务能够帮助人们避免出差错，即使出了差错也能从中恢复过来。

15.1 错误与失误

　　在对差错类型进行分类时，首先要区别的是错误和失误（Norman，1983a；Reeves，2010）。

　　错误是有意识地进行决策而出的差错。面临选择时，一个人考虑了不同的选择，权衡了各种选择的利弊……然后做出了错误的选择。唐·诺曼（Don Norman）称错误为"意图差错"：人们有意识地决定做某件事，结果证明是不正确的或者带来了不良的后果。以下是一些错误的例子：

- 你在网上购买相机闪存卡，但你订购的闪存卡却与你的相机不兼容。

- 你驾车走高速公路去听音乐会，本以为交通没有问题，但却发现大堵车。
- 你投票支持某人，因为相信这人提出的政策会对你有益，但在这人当选之后却发现这些政策实际上对你并无益处。

人们之所以犯错，要么是因为他们对选择有不正确的理解，要么是因为他们获得的信息不完整或不准确。唐·诺曼（Don Norman）称此为"存在错误的心智模型"（Norman，1983a）。由于错误是有意识地选择和动作的结果，我们只有在事后，当错误的后果变得明显时才能察觉到它们。用工程术语来说就是"我们只有通过反馈才能检测到错误"。

失误是另一种主要的差错类型，它是无意的，即一个人做了一些并非出于本意的事情，想象一下一个人在湿滑的地板上滑倒，你就能理解"失误"一词的含义了。以下是一些失误的例子：

- 你把烤箱打开，想在烤东西前将它预热，却忘了先检查一下烤箱里是否已经有东西了。
- 你试图快速说出"她在海边卖贝壳"（she sells seashells by the seashore）的绕口令，但你的嘴却说不出正确的词。
- 你将短信发送给了错误的联系人

同一个动作既可以是错误也可以是失误，这取决于是否有意为之。例如，如果你收到公司的一封群发邮件，你希望你的回复可以让所有在名单上的人都能看见，于是你单击了"回复所有"。后来你发现"回复所有"是一个错误，比如，因为你的回复中包含公司的保密信息，而第一封邮件的一些收件人并不在你的公司工作。另一种情况是，你收到了一封群发邮件打算点击"回复"，但由于没有仔细看清楚，不小心单击了紧挨着"回复"的"回复所有"按键，这就是一个失误。

失误还是错误

2018 年 1 月 13 日上午 8 点 07 分，美国夏威夷州的电视、广播和手机都发出了一条紧急警报。警报称，一枚弹道导弹正向夏威夷飞来，预计将在几分钟内到达。警报敦促居民"立即寻找掩护"，最后强调"这不是演习"（见图 15.1）。

在电视上，警报以滚动的方式在屏幕底部显示，内容更为详细：

美国太平洋司令部检测到夏威夷有导弹威胁，一枚导弹可能在几分钟内撞击陆地或海洋。这不是演习。如果你在室内，请留在室内。如果你在室外，请立即寻找建筑物躲避。

在室内时，请远离窗户。如果你正在驾车，请将车安全地停在路边，并在建筑物内寻找掩蔽或卧倒在地上。我们将在威胁结束时宣布。这不是一场演习，请立即采取行动措施。

图 15.1　2018 年 1 月 13 日，由于一个错误，向夏威夷的手机发送的虚假警报

尽管夏威夷的室外民防警报没有响起，但这个警报仍然使许多夏威夷居民感到惊恐。一些夏威夷人陷入恐慌，试图找到避难所，还有一些人则试图确认警报的真实性（维基百科，2019 年）。

实际上，并没有来袭的导弹。在大约半个小时后就发布了第二条警报，称第一条警报为"虚假警报"。

这一事件是一个错误还是一个失误？这一点尚不清楚。清楚的是，州应急官员计划进行一次演习，所以从他们的角度来看发生的事情是一个失误，即无意的动作。然而，调查发现，负责"按下按钮"的员工没有意识到这是一次演习，所以有意地点击了屏幕上用来发出真正的导弹警报的按钮，然后有意地在确认屏幕上点击了"是"。这个员工随后被开除了。从他的角度来看，发送警报是一个错误。

还得注意的是，美国联邦通信委员会批评夏威夷的警报软件有以下情况：①未区分演习和实际警报，两者具有相同的用户界面和确认序列及语言；②设计成了一个员工可以同时发出和确认发布一个真正的警报。因此，即使 2018 年 1 月的事件是一个错误，该软件的设计也很容易导致失误的发生，警报软件和发布警报的程序之后已经被修订（Park，2018）。

15.2　失误的类型

根据失误的原因，我们可以对其进行分类（Norman，1983a）。

撷取性失误：如果正在执行的序列与另一个更频繁或更熟悉的序列相似，人们会不经意地切换到另一个序列。例如：

■ 初次去新工作的地方，中途发现自己走到了以前的工作地点。

■ 你在已经编辑了一个小时的文档上点击"关闭"按钮时，一个确认对话框弹了出来，询问是否不保存而关闭，你不假思索地点击了"是"。

描述性失误：对错误的对象采取正确的操作。例如：

■ 在笔记本计算机上进行两指滑动是滚动屏幕，你却在使用谷歌地图时进行两指滑动，结果放大了地图（见图 15.2）。

■ 你不经意地对你的亚马逊 Echo（"Alexa"）设备说"嘿，Siri"。

■ 你打算打开手机上的日历应用，但计算器应用的图标看起来与之相似，因此无意打开了计算器应用。

图 15.2　在谷歌地图的地图区域内，平移和缩放所使用的手势与其他地方不同，导致用户经常在本应平移的时候进行缩放，反之亦然

数据干扰失误：外部数据干扰了注意力。例如：

■ 你想阅读一篇在线新闻文章，但文章旁边闪烁的广告一直分散你的注意力。

■ 你试图快速说出图 15.3 中单词的颜色，但发现自己朗读的是单词本身。

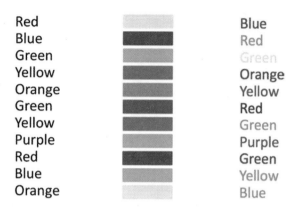

图 15.3　斯特罗普效应。快速朗读左栏中的单词，快速说出中间栏的颜色，快速说出右栏中的颜色
（不要朗读单词）

忘记工作目的造成的失误：目标从短期记忆中丢失。例如：

■ 你要去厨房拿东西，但走进了厨房却不记得自己要来拿什么了。

■ 你打开 Facebook 要发布度假照片，但看到一个朋友的有趣帖子，就花几分钟阅读
并回复了评论，然后就关闭了 Facebook 却忘记了发布你的度假照片。

闭环失误：当目标实现后，任务的最后步骤提前从工作记忆中删除。例如：

■ 你使用公共计算机查看你的银行账户，但没有注销就离开了，无意中让下一个用
户进入了你的账户。

■ 你使用办公复印机复印你的简历，拿走了复印件却把原件留在了复印机上。

■ 你在网上填写了一个很长的表格，但没有提交表格就关闭了浏览器。

功能状态失误：正确的操作但系统状态错误（Norman，2014）。例如：

■ 你踩下汽车的加速踏板向前行驶，却没有注意到变速器设置在倒挡。

■ 你把复印机设置为放大文件，然后忘记将其重置为正常状态，结果在下一次操作
时放大了一个你不希望放大的文件。

■ 你用 MacOS 图像捕捉应用程序扫描了一份文件，但事后发现它保存的扫描图像文
件名与上一次扫描时使用的相同（见图 15.4）。

───────────

⊖ 这被称为斯特罗普效应，是以发表文章描述它的心理学家的名字命名的（Stroop，1935）。

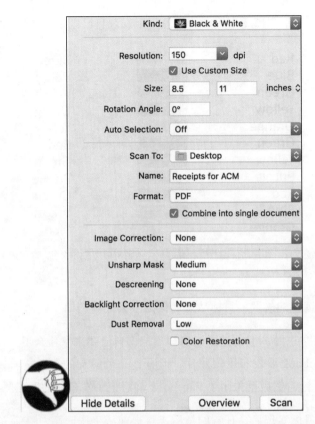

图 15.4　MacOS 图像捕捉应用程序的扫描控件会保留上一次扫描使用的文件名，
而用户经常忘记更改文件名，导致经常出错

注意力失误：忽略了信息中的重要特征。例如：

- 你在网上为自己和伴侣预订酒店房间，但直到完成预订后才注意到报价是按人数计算的，而不是按房间计算的。
- 在网上为一次旅行订机票时，你选择了 5 月 29 日的去程航班，当你选择回程日期时，没有注意到日期选择器仍然设置为 5 月，所以你不小心将回程日期设置为了 5 月 25 日，网站提醒你将回程日期设置在了出发日期之前（见图 15.5）。

运动失误：手指、嘴巴、腿等不按照预期的方式行事。例如：

- 你想输入"the"，但你的手指实际上输入的是"hte"。
- 你在计算机屏幕上将一个文件拖到废纸篓，但不小心松了手指，结果将它拖到了附近的一个文件夹中。

■ 你本想点击一个链接，却不小心点击了它旁边的链接。

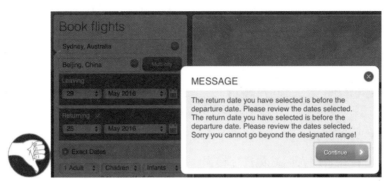

图 15.5 南非航空公司的网站允许用户将回程日期设置在出发日期之前，然后提醒用户犯了错，两遍

15.3 防止人们犯错误的设计：提供清晰、正确的信息

帮助人们避免犯错误（意图差错）的主要方法是，用一种易于理解的形式提供准确的信息。在第 12 章中提到的决策支持系统就是这类软件应用程序的例子，这种系统可以为人们提供准确的信息并帮助他们避免错误，无论是买房子、计划度假，还是为扫雪车在城市中规划最有效的路线。航班预订网站也是一种决策支持系统：你输入需求——出发地、目的地、日期、时间和所需的服务等，它们会显示匹配这些需求的航班，并提供相关航班的对比信息，帮助你选择最符合需求的航班（参见图 15.6）。

如何确保信息是以人们易于理解的形式呈现的？方法是遵循之前的章节中提出的设计准则。例如，提供视觉结构和层次、谨慎而节制地使用颜色、支持阅读（包括可读性和理解性）、尊重人类注意力和记忆力的局限性、支持学习和习惯的养成、尊重

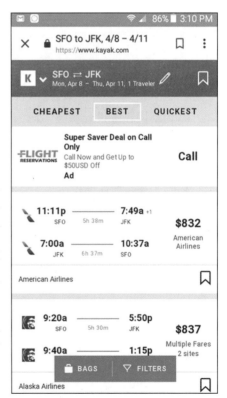

图 15.6 Kayak.com：航班预订网站帮助人们在预订航班时避免错误

人类的时间需求等。

第 12 章中描述的数据可视化方法对于确保人们理解所呈现的信息尤其有用。这种方法利用人类感知系统的自动化过程（系统 1）来提供信息，以支持理性决策（系统 2）。

15.4 帮助人们避免失误的设计

糟糕的用户界面设计，或者说设计上的错误，会导致用户出现失误。文本自动更正就是一个例子。它旨在帮助人们避免打字错误，但如果设计不当，它可能会增加用户发送包含意外单词的短信或电子邮件的可能性。类似地，本章前面列举的许多失误例子都更像是由于糟糕的设计决策造成的。

幸运的是，针对前面提到的每种失误类型都有设计准则可以预防或降低其发生的可能性。以下准则是根据 Norman（1983a）的研究进行调整后的内容。如果数字产品或服务的设计师没有遵循这些准则，那么他们就犯了一个错误，从而会增加用户出现相应类型失误的几率。

撷取性失误规避准则：

- 为不同任务设计明显不同的步骤，这样就不会有人对他们正在执行的动作序列感到困惑（见前面关于夏威夷警报事件的展开介绍）。
- 避免重叠的路径：使不同的操作没有共同的步骤。
- 提示用户确认动作。

描述性失误规避准则：

- 一致性：同样的操作适用于所有对象。
- 明确区分具有不同动作或手势的对象或区域。

数据干扰失误规避准则：

- 引导用户朝着他们（以及你）的目标前进。提供一个"过程漏斗"（van Duyne et al.，2002）：一旦你知道了用户的目标，就让他们直接向着目标前进，不要分散他们的注意力。

忘记工作目的造成的失误规避准则：

- 提供记忆辅助工具，清晰地显示系统进展和状态。

闭环失误规避准则：

- 警示用户未完成任务。例如，引擎未关闭或文件遗留在复印机上。
- 自动完成任务。例如，一些现代汽车会在用户离开车辆后自动关闭车灯，人们不需要记得去做这件事。

功能状态失误规避准则（Johnson，1990）：

- 明确而肯定地指示系统状态（模式）。
- 在超过 10 秒（"单元任务"平均持续时间，参见第 14 章），或者当用户退出并重新进入应用程序或网站时，重置到常规状态。
- 使状态具有"弹簧效果"：用户必须通过物理操作（例如按住键盘的 Shift 键）保持在特殊状态下，放开则重置到常规状态。
- 通过为每个功能单独设置控件或手势来避免模式化的设计（某些控件或手势在不同的系统模式下具有不同的效果），但要意识到这样做可能会增加描述性失误出现的可能性：使用错误的控件或手势执行预期动作（Norman，1983a）。

注意力失误规避准则：

- 使用视觉层次、感知突显、运动、振动或声音来引导用户注意重要细节。
- 在交互设计中避免无意义的命令或请求。

运动失误规避准则（Johnson & Finn，2017）：

- 让点击、轻点和滑动的目标变得更大。当按钮或链接有图形和标签时，使两者都可点击，以最大限度地扩大可点击区域。
- 在要点击和轻点的目标之间留出空间，确保用户能够点击到预期目标。
- 在使用复杂手势（如点击拖动、捏合或张开、双击、轻点并长按等）的用户界面中，为那些难以执行复杂手势的用户提供更简单的替代手势（参见图 15.7）。
- 避免使用多级菜单（有时称为右拉菜单）。

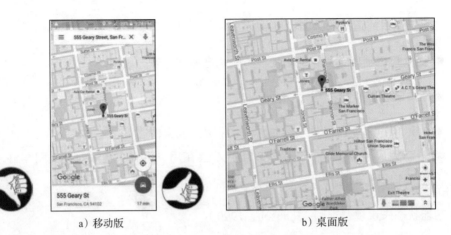

a）移动版　　　　　　　　　　　　　　　　　　　b）桌面版

图 15.7　谷歌地图的移动版需要使用双指捏合 / 张开手势进行缩放，而桌面版则可以通过双指或者加减
　　　　按钮进行缩放

15.5　帮助人们从差错中恢复的设计

无论一个数字产品或服务的设计有多好，它都不会是完美的。就算它是完美的，人类本身也不是完美的。用户会出差错，无论是错误还是失误。为了取得成功，数字产品和服务应该能够帮助用户从差错中恢复。以下是实现这一目标的设计准则，它们适用于任何数字产品或服务，无论用户是通过键盘和鼠标、触摸屏、语音，还是其他方式进行交互。

15.5.1　让操作成为双向的而非单向的，使其具有可逆性

有一个例子，应用程序或设备提供废纸篓（Trash）或最近删除文件夹用于临时存储已删除的项目，直到将它们从废纸篓中移出（撤销原始删除操作）或用户明确清空废纸篓（参见图 15.8），这些操作应该需要确认（如下所示）。同样，苹果的照片应用程序和 Voila 屏幕捕获应用程序也提供了最近删除文件夹，被删除的图像和视频会被放置其中，直到被恢复或最终删除。

航空公司和酒店通常允许顾客在预定日期前的指定天数内免费取消预订，一些电子商务网站也允许顾客在产品发货之前取消购买。这样可以让人们撤销他们本不打算进行（失误）或在进一步考虑后确定并不是真正想要（错误）的交易。

尽可能地使操作可逆这一设计准则也适用于拥有语音操作用户界面（VUI）的数字产品和服务。很明显，如果你可以让 Alexa 播放一首歌曲，也就应该可以让 Alexa 停止播放

该歌曲或播放其他歌曲。也许不太明显但同样重要的是，如果你使用 VUI 在线订购电影票
或衬衫，你也应该能在合理的时间范围内取消订单。

a）MacOS 的 Trash 文件夹

b）Voila 的 Trash 文件夹

图 15.8　将删除的文件暂时移到废纸篓或最近删除文件夹中，允许用户在必要时恢复文件

15.5.2　用 UNDO 使操作具有可逆性

除了提供可逆操作外，应用程序和网站还可以为许多操作提供“撤销”（UNDO）功能。
这可以让用户在不确定他们到底做了什么，甚至不知道如何进行逆向操作的情况下撤销操
作。例如，在将文件从一个文件夹拖动到另一个文件夹列表中的文件夹的过程中，你可能
会发生一个动作失误，导致误将文件放到了另一个文件夹中，并且你可能不知道是哪个文
件夹。为了应对这种情况，MacOS 提供了“撤销”移动文件的功能（见图 15.9a）。如果没
有“撤销”，你将不得不一个一个地打开附近的文件夹，浏览其中的内容，找到文件，再
将它拖回原处。同样，大多数文本编辑器（例如 Microsoft Word）都提供了“撤销”功能，
用于逆转最近的编辑动作（见图 15.9b）。这样你就可以编辑文本，查看是否满意这个结果，
如不满意，也可以轻松恢复到之前的状态，而不必逐个逆向进行所有单独的编辑操作。最

后，一些电子邮件应用程序（如 Gmail）也提供了"撤销"功能，用于恢复刚刚删除的电子邮件（参见图 15.9c）。

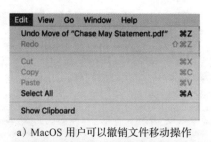

a）MacOS 用户可以撤销文件移动操作

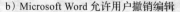

b）Microsoft Word 允许用户撤销编辑

c）Gmail 允许用户恢复刚刚删除的邮件

图 15.9 UNDO 示例

语音操作系统可以跟踪用户最近的命令，并允许用户只需说出唤醒词，然后说"撤销"（undo）来撤销上一条命令，有些可能需要确认用户意图后再执行。另外，系统也可以回应用户："我应该撤销什么？"然后列出最近的几条命令供用户选择。

15.5.3 让有风险、易出错的操作难以进行

在执行具有潜在危险的操作之前，可以通过要求确认（见图 15.10），甚至要求多个步骤来减少出现差错的可能性。在大多数电子商务网站上，在执行用户的交易请求之前，会显示交易摘要，并允许用户取消或确认交易。

不过，简单的一键确认可能还不够。大多数情况下这个动作都是没有问题的，用户也会进行确认。确认动作很快就会作为一个自动过程被"刻录"到系统中，增加了用户不假思索就确认的概率（Norman，1983a）。这是一种撷取性失误，它背离了确认的初衷。

一种常见的解决方法是设计确认对话框，使取消操作成为默认选择（通过按下 Enter 键触发），而确定（或继续）操作则需要额外的按键。在三星口袋数码相机中（见图 15.11），

要删除所有照片，用户需要执行以下步骤：①点击菜单（MENU）按钮；②选择删除（Delete）选项；③将选中项移动到全部删除（Delete All）并按下确定（OK）键；④点击弹出的确认对话框，并按上方向键（DISP）将确认选项从否（No）改为是（Yes）；⑤按下确定（OK）键。额外的按键操作降低了用户意外确认删除所有照片的可能性。

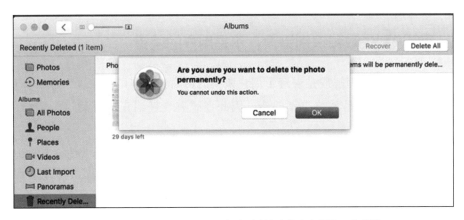

图 15.10　苹果的照片应用程序需要确认才能永久删除一张照片

图 15.11　三星口袋数码相机中删除所有照片需要进行确认，而确认默认选择为 No（不删除），因此需要额外的两个按键操作：将选择更改为 Yes（删除），然后点击 OK

在有着关键任务的应用中，出现差错的代价会非常高昂，即使采用多步骤的确认方式可能仍然无法提供足够的安全性。一种解决方案是将重要操作设计为：一个人发起操作，需要**另一个人**进行批准或确认。许多组织的大型采购和大学里面的成绩更改都是采用的这种方式。

另一种防止有着关键任务的应用出现差错的方法是，要求具有潜在危险的操作由两个或更多人共同执行，甚至在不同的地点执行。例如，在本章前面的"失误还是错误"展开介绍中，美国联邦通信委员会建议，夏威夷的紧急警报系统应要求必须有两名独立的工作人员相互合作，才能发出真正的警报。

15.6　语音识别失败和识别错误，不是用户的差错

当语音控制系统不理解或是误解了用户所说的话时，用户既没失误，也没有犯错误。用户并没有出差错，而是系统出了差错，因此系统有责任纠正或处理这个差错（Pearl，2018a，b）。

此时发生的情况应该与人和人之间对话时一方不理解对方在说什么的情况很类似。如果你和我正在交谈，我说了些你不理解的话，你会告诉我你没有听懂或者露出疑惑的表情，然后我会重复或重新表达我说的话。如果我说了一些话让你误解了，对话可能还会持续，直到误解暴露出来，然后我们会一起努力纠正这个误解。

如今，大多数语音控制系统都会评估对用户话语的理解程度。如果系统对于理解用户指令的信心低于某个阈值，系统就应该会说："对不起，我没有听清楚。你能再重复一遍吗？"

即使系统自信地估计自己对用户的理解非常准确，它也可能会在继续对话之前重复它所理解的内容。这样可以快速发现并纠正误解。

15.7　重要小结

- 差错可以分为错误和失误。错误是有意识的差错，即你有意识地做了一个选择结果却错了。失误是无意识的差错，即你做了你不打算做的事情。
- 根据导致失误的原因可将其分为几种类型：
  - 撷取性失误：在做一件事时，不经意地转而做另一件事。
  - 描述性失误：将适用于其他不同对象的动作误用到了当前对象上。
  - 数据干扰失误：在做一件事时，有别的东西让你分心。
  - 忘记工作目的造成的失误：忘记了你在做什么或为什么要做。
  - 闭环失误：忘记了一项任务的最后一步。

- 功能状态失误：由于所使用的系统并未处于你所认为的状态，你的操作产生了与预期不同的效果。
- 注意力失误：没有注意到重要信息，因此做错了事情。
- 运动失误：你的手指、嘴、腿等没有按照你的意图行动。

■ 为了防止错误发生，设计应提供清晰、完整、准确的信息。

■ 用于防止失误的设计准则与失误的类型有关。例如：

- 撷取性失误：使不同动作的路径明显不同。
- 数据干扰失误：通过"过程漏斗"引导用户朝着目标前进。
- 忘记工作目的造成的失误：提供记忆辅助和进度指示器。
- 功能状态失误：清楚地指示当前系统功能状态。
- 注意力失误：引导用户注意重要细节。
- 运动失误：将点击 / 轻点 / 滑动的目标设置得较大，并留有间隔的空间。

■ 帮助用户从差错中恢复的设计准则：

- 通过提供撤销功能或使所有动作具有双向性来使动作可逆。
- 使有风险的、容易出错的操作难以进行。

■ 不要将语音识别失败视为用户的差错，它们都是系统差错。

参考文献

Accot, J., Zhai, S., 1997. Beyond Fitts' law: models for trajectory-based HCI tasks. In: Proceedings of ACM CHI 1997 Conference on Human Factors in Computing Systems, pp. 295-302.

Alvarez, G., Cavanagh, P., 2004. The capacity of visual short-term memory is set both by visual information load and by number of objects. Psychol. Sci. 15 (2), 106-111.

Angier, N., April 1, 2008. Blind to change, even as it stares us in the face. New York Times. Retrieved from: www.nytimes.com/2008/04/01/science/01angi.html.

Arons, B., 1992. A review of the cocktail party effect. J. Am. Voice I/O Soc. 12, 35-50.

Apple Computer, 2020a. Human Interface Guidelines: MacOS Design Themes. Retrieved from: https://developer.apple.com/design/human-interface-guidelines/macos/overview/themes/.

Apple Computer, 2020b. Human Interface Guidelines: iOS Design Themes. Retrieved from: https://developer.apple.com/design/human-interface-guidelines/ios/overview/themes/.

Baddeley, A., 2012. Working memory: theories, models, and controversies. Annu. Rev. Psychol. 63, 1-29.

Barber, R., Lucas, H., 1983. System response time, operator productivity, and job satisfaction. Commun. ACM. 26 (11), 972-986.

Bays, P.M., Husain, M., 2008. Dynamic shifts of limited working memory resources in human vision. Science 321, 851-854.

Beyer, H., Holtzblatt, K., 1997. Contextual Design: A Customer-Centered Approach to Systems Design. Morgan Kaufmann, San Francisco, CA.

Bilger, B., April 25, 2011. The possibilian: David Eagleman and the mysteries of the brain. New Yorker. Retrieved from: www.newyorker.com/reporting/2011/04/25/110425fa_fact_bilger.

Blauer, T., 2007. On the startle/flinch response. Blauer Tactical Intro to the Spear System: Flinching and the First Two Seconds of an Ambush YouTube Video Retrieved from: www.youtube.com/watch?v5jk_Ai8qT2s4.

Borkin, M.A., Vo, A.A., Bylinskii, Z., Isola, P., Sunkavalli, S., Oliva, A., Pfister, H., December 2013. What makes a visualization memorable? IEEE Trans. Visual. Comput. Graph. 19 (12), 2306-2315. Retrieved from: http://www.ncbi.nlm.nih.gov/pubmed/2405179710.1109/TVCG.2013.234.

Boulton, D., 2009. Cognitive science: the conceptual components of reading and what reading does for the mind. In: Interview of Dr. Keith Stanovich, Children of the Code Website Retrieved from: www.childrenofthecode.org/interviews/stanovich.htm.

Bower, J.M., Parsons, J.M., 2003. Rethinking the lesser brain. Sci. Am. 289, 50-57.

Broadbent, D.E., 1975. The magical number seven after fifteen years. In: Kennedy, A., Wilkes, A. (Eds.), Studies in Long-Term Memory. Wiley, London, pp. 3-18.

Brown, C.M., 1988. Human-Computer Interface Design Guidelines. Ablex Publishing Corporation, Norwood, NJ.

Budiu, R., December 16, 2018. Can Users Control and Understand a UI Driven by Machine Learning? Nielsen Norman Group. Retrieved from: https://www.nngroup.com/articles/machine-learning-ux/.

Budiu, R., Laubheimer, P., July 22, 2018. Intelligent Assistants Have Poor Usability: A User Study of Alexa, Google Assistant, and Siri. Nielsen Norman Group et al. https://www.nngroup.com/articles/intelligent-assistant-usability/.

Budman, G., June 12, 2011. 94% of computer users still risk data loss. Backblaze Blog. Retrieved from: backblaze.com/2011/07/12/94-of-computer-users-still-risk-data-loss/.

Card, S., Moran, T., Newell, A., 1983. The Psychology of Human-Computer Interaction. Lawrence Erlbaum Associates, Hillsdale, NJ.

Card, S., Robertson, G., Mackinlay, J., 1991. The information visualizer, an information workspace. In: Proceedings of the Conference on Human Factors in Computing Systems: Reaching Through Technology. ACM Press, New York, NY, pp. 181-188.

Carroll, J., Rosson, M., 1984. Beyond MIPS: performance is not quality. Byte 168-172.

Cheriton, D.R., 1976. Man-machine interface design for time-sharing systems. In: Proceedings of ACM National Conference, pp. 362-380.

Chi, E.H., Pirolli, P., Chen, K., Pitkow, J., 2001. Using information scent to model user information needs and actions on the web. In: Proceedings of ACM SIGCHI 2011 Conference on Computer-Human Interactions, pp. 490-497.

Clark, A., 1998. Being There: Putting Brain, Body, and World Together Again. MIT Press, Cambridge, MA.

Cooper, A., 1999. The Inmates are Running the Asylum. SAMS, Indianapolis.

Cowan, N., Chen, Z., Rouder, J., 2004. Constant capacity in an immediate serial-recall task: a logical sequel to Miller (1956). Psychol. Sci. 15 (9), 634-640.

Doidge, N., 2007. The Brain that Changes Itself. Penguin Group, New York, NY.

Dubuc, B., 2012. The Brain from Top to Bottom. McGill University (Online book). Retrieved from: http://www.thebrain.mcgill.ca.

Duis, D., Johnson, J., 1990. Improving user-interface responsiveness despite performance limitations. In: Proceedings of the IEEE CompCon '90, pp. 383-386.

Eagleman, D., 2012. Incognito: The Secret Lives of the Brain. Vintage Books, New York, NY.

Eagleman, D., 2015. The Brain: The Story of You. Vintage Press, New York, NY.

Finn, K., Johnson, J., 2013. A usability study of websites for older travelers. In: Proceedings of HCI International 2013. Springer-Verlag, Las Vegas.

Fitts, P.M., 1954. The information capacity of the human motor system in controlling the amplitude of movement. J. Exp. Psychol. 47 (6), 381-391.

Fogg, B.J., 2002. Persuasive Technology: Using Computers to Change What We Think and Do. Morgan Kaufmann.

Gazzaley, A., 2009. The aging brain: at the crossroads of attention and memory. User Ex. 8 (1), 6-8.

Geelhoed, E., Toft, P., Roberts, S., Hyland, P., 1995. To influence time perception. In: Proceedings of ACM CHI'955, pp. 272-273.

Google, December 2019. Android Design. Retrieved from: https://developer.android.com/design.

Grudin, J., 1989. The case against user interface consistency. Commun. ACM 32 (10), 1164–1173.

Hackos, J., Redish, J., 1998. User and Task Analysis for Interface Design. Wiley, New York, NY.

Herculano-Houzel, S., 2009. The human brain in numbers: a linearly scaled-up primate brain. Front. Hum. Neurosci. 3 (31). Retrieved from: http://www.ncbi.nlm.nih.gov/pmc/articles/PMC2776484.

Herrmann, R., June 14, 2011. How Do We Read Words and How Should We Set Them? OpenType.info blog. Retrieved from: http://opentype.info/blog/2011/06/14/how-do-we-read-words-and-how-should-we-set-them.

Heusser, M., September 6, 2019. How to Achieve Speedy Application Response Times, Blog Post. SearchSoftwareQuality.TechTarget.com. Retrieved from: https://searchsoftwarequality.techtarget.com/tip/Acceptable-application-response-times-vs-industry-standard.

Hoxmeier, J., DiCesare, C., 2000. System response time and user satisfaction: an experimental study. In: Proceedings of Americas Conference on Information Systems (AMCIS 2000), pp. 140–145.

Hudlicka, E., 2021. "Overview of emotions research", Chapter 3. In: Hudlicka, E. (Ed.), Affective Computing: Theory, Methods and Applications. Chapman and Hall/CRC Press.

Husted, B., September 8, 2012. Backup your data, then backup your backup. Ventura County Star. Retrieved from: http://www.vcstar.com/news/2012/sep/08/back-up-your-data-then-back-up-your-backup.

Isaacs, E., Walendowski, A., 2001. Designing From Both Sides of the Screen: How Designers and Engineers Can Collaborate to Build Cooperative Technology. SAMS, Indianapolis.

Isakson, C., September 30, 2013. Importance of Response Time in Mobile Applications. Sundog Blog. Retrieved from: https://www.sundoginteractive.com/blog/importance-of-response-time-in-mobile-applications.

Johnson, J., 1987. How faithfully should the electronic office simulate the real one? SIGCHI Bull. 19 (2), 21–25.

Johnson, J., 1990. Modes in non-computer devices. Int. J. Man-Mach. Stud. 32, 423–438.

Johnson, J., 2007. GUI Bloopers 2.0: Common User Interface Design Don'ts and Dos. Morgan Kaufmann, San Francisco.

Johnson, J., Finn, K., 2017. Designing User Interfaces for an Aging Population: Towards Universal Design. Morgan Kaufmann Publishers, Waltham, MA.

Johnson, J., Henderson, D.A., 2002. Conceptual models: begin by designing what to design. Interactions 9 (1), 25–32.

Johnson, J., Henderson, D.A., 2011. Conceptual Models: Core to Good Design. Morgan and Claypool, San Rafael, CA.

Johnson, J., Henderson, D.A., January 22, 2013. Conceptual Models in a Nutshell. Boxes and Arrows. (Online magazine). Retrieved from: http://boxesandarrows.com/conceptual-models-in-a-nutshell.

Johnson, J., Roberts, T., Verplank, W., Smith, D.C., Irby, C., Beard, M., Mackey, K., 1989. The xerox star: a retrospective. IEEE Comput. 22 (9), 11–29.

Jonides, J., Lewis, R.L., Nee, D.E., Lustig, C.A., Berman, M.G., Moore, K.S., 2008. The mind and brain of short-term memory. Annu. Rev. Psychol. 59, 193–224.

Kahneman, D., 2011. Thinking Fast and Slow. Farrar Straus and Giroux, New York, NY.

Koyani, S.J., Bailey, R.W., Nall, J.R., 2006. Research-based Web Design and Usability Guidelines. U.S. Department of Health and Human Service. Retrieved from: usability.gov/pdfs/guidelines.html.

Krug, S., 2014. Don't Make Me Think, Revisited: A Common Sense Approach to Web and Mobile Usability, third ed. New Riders Press, Indianapolis.

Lally, P., van Jaarsveld, H., Potts, H., Wardie, J., 2010. How are habits formed: modeling habit formation in the real world. Eur. J. Soc. Psychol. 40 (6), 998–1009.

Lambert, G., 1984. A comparative study of system response time on program developer productivity. IBM Syst. J. 23 (1), 407–423.

Landauer, T.K., 1986. How much do people remember? Some estimates of the quantity of learned information in long-term memory. Cognit. Sci. 10, 477–493.

Larson, K., July 2004. The Science of Word Recognition. Microsoft.com. http://www.microsoft.com/typography/ctfonts/WordRecognition.aspx.

Liang, P., Zhong, N., Lu, S., Liu, J., Yau, Y., Li, K., Yang, Y., 2007. The Neural Mechanism of Human Numerical Inductive Reasoning Process: A Combined ERP and fMRI Study. Springer-Verlag, Berlin.

Lindsay, P., Norman, D.A., 1972. Human Information Processing. Academic Press, New York and London.

Macdonald, F., July 25, 2016. Scientists have found a woman whose eyes have a whole new type of colour receptor. Science Alert. Retrieved from: https://www.sciencealert.com/scientists-have-found-a-woman-whose-eyes-have-a-whole-new-type-of-colour-receptor.

Marcus, A., 1992. Graphic Design for Electronic Documents and User Interfaces. Addison-Wesley, Reading, MA.

Mastin, L., 2010. Short-term (Working) Memory. The Human Memory: What it is, How it Works, and How it Can Go Wrong. Retrieved from: http://www.human-memory.net/types_short.html.

McAfee, May 29, 2012. Consumer Alert: McAfee Releases Results of Global Unprotected Rates Study. McAfee blog. Retrieved from: https://blogs.mcafee.com/consumer/family-safety/mcafee-releases-results-of-global-unprotected-rates.

McInerney, P., Li, J., 2002. Progress Indication: Concepts, Design, and Implementation. IBM. Developer Works. Retrieved from: www-128.ibm.com/developerworks/web/library/us-progind.

Microsoft Corporation, 2018. User Interface Principles. Retrieved from: https://docs.microsoft.com/en-us/windows/win32/appuistart/-user-interface-principles.

Miller, G.A., 1956. The magical number seven, plus or minus two: some limits on our capacity for processing information. Psychol. Rev. 63, 81–97.

Miller, R., 1968. Response time in man-computer conversational transactions. In: Proceedings of IBM Fall Joint Computer Conference, vol. 33, pp. 267–277.

Minnery, B., Fine, M., 2009. Neuroscience and the future of human-computer interaction. Interactions 16 (2), 70–75.

Monti, M.M., Osherson, D.N., Martinez, M.J., Parsons, L.M., 2007. Functional neuroanatomy of deductive inference: a language-independent distributed network. NeuroImage 37 (3), 1005–1016.

Moran, K., March 20, 2016. How Chunking Helps Content Processing. Nielsen-Norman Group. Retrieved from: https://www.nngroup.com/articles/chunking/.

Mullet, K., Sano, D., 1994. Designing Visual Interfaces: Communications Oriented Techniques. Prentice-Hall, Englewood Cliffs, NJ.

Nah, F., 2004. A study on tolerable waiting time: how long are Web users willing to wait? Behav. Inf. Technol. 23 (3), 153–163. Retrieved from: http://sighci.org/uploads/published_papers/bit04/BIT_Nah.pdf.

Nielsen, J., 1993. Usability Engineering. Morgan Kaufmann, San Francisco.

Nielsen, J., January 28, 1997. The Need for Speed, Blog Post. Nielsen-Norman Group. Retrieved from: https://www.nngroup.com/articles/the-need-for-speed/.

Nielsen, J., 1999. Designing Web Usability: The Practice of Simplicity. New Riders Publishing, Indianapolis.

Nielsen, J., June 30, 2003. Information Foraging: Why Google Makes People Leave Your Site Faster. Nielsen-Norman Group. Retrieved from: http://www.nngroup.com/articles/information-scent/2003.

Nielsen, J., May 5, 2008a. How Little Do Users Read? Nielsen-Norman Group. Retrieved from: https://www.nngroup.com/articles/how-little-do-users-read.

Nielsen, J., April 27, 2008b. Right-justified Navigation Menus Impede Scanability. Nielsen-Norman Group. Retrieved from: https://www.nngroup.com/articles/right-justified-navigation-menus.

Nielsen, J., June 20, 2010. Website Response Times, Blog Post. Nielsen-Norman Group. Retrieved from: https://www.nngroup.com/articles/website-response-times/.

Nielsen, J., 2014. Web-Based Application Response Time, Blog Post. Nielsen-Norman Group.

Nielsen, J., Molich, R., 1990. Heuristic evaluation of user interfaces. In: Proceedings of ACM CHI'90 Conference, Seattle, pp. 249–256.

Nielsen, J., Mack, R.L., 1994. Usability Inspection Methods. John Wiley & Sons, Inc., New York, NY.

Nichols, S., February 6, 2013. Social Network Burnout Affecting Six in Ten Facebook Users. Retrieved from: http://www.v3.co.uk/v3-uk/news/2241746/social-network-burnout-affecting-six-in-ten-facebook-users.

Norman, D.A., 1983a. Design rules based on analysis of human error. Commun. ACM 26 (4), 254–258.

Norman, D.A., 1983b. Design principles for human-computer interfaces. In: Janda, A. (Ed.), Proceedings of the CHI-83 Conference on Human Factors in Computing Systems, Boston. ACM Press, New York, NY. Reprinted in Baecker, R.M., Buxton, W.A.A. (Eds.), Readings in human-computer interaction. Morgan Kaufmann (1987), San Mateo, CA.

Norman, D.A., 1988. The Design of Everyday Things. Basic Books, New York, NY.

Norman, D.A., April 13, 2014. Human Error? No, Bad Design. JND Blog-post. Retrieved from: https://jnd.org/stop_blaming_people_blame_inept_design/.

Norman, D.A., Draper, S.W., 1986. User-centered System Design: New Perspectives on Human-Computer Interaction. CRC Press, Hillsdale, NJ.

Oracle Corporation, 2017. Alta Mobile UI: A Design System for Native Mobile Apps. Retrieved from: https://www.oracle.com/webfolder/ux/mobile/index.html.

Park, M., 2018. Here's what Went Wrong with the Hawaii False Alarm. CNN.com. January 31, 2018, retrieved from: https://www.cnn.com/2018/01/31/us/hawaii-false-alarm-investigation-findings/index.html.

Pearl, C., 2018a. Designing Voice UIs. O'Reilly Press.

Pearl, C., May 28, 2018b. Making the Shift From Designing GUIs to Designing VUIs, UX Matters. Retrieved from: https://www.uxmatters.com/mt/archives/2018/05/making-the-shift-from-designing-guis-to-designing-vuis.php.

Perfetti, C., Landesman, L., January 31, 2001. The Truth about Download Time. User Interface Engineering. Retrieved from: http://uie.com/articles/download_time.

Rainie, L., Smith, A., Duggan, M., Feb 5, 2013. Coming and Going on Facebook. Report from Pew Internet and American Life Project. Retrieved from: http://www.pewinternet.org/~/media//Files/Reports/2013/PIP_Coming_and_going_on_facebook.pdf.

Raymond, J.E., Shapiro, K.L., Arnell, K.M., 1992. Temporary suppression of visual processing in an RSVP task: an attentional blink? J. Exp. Psychol. Hum. Percept. Perform. 18 (3), 849–860.

Redish, G., 2007. Letting Go of the Words: Writing Web Content that Works. Morgan Kaufmann, San Francisco.

Reeves, T., 2010. The Psychology of Human Error. HumanFactorsMD Blog. Retrieved from: http://www.humanfactorsmd.com/psychology-of-human-error/.

Robertson, G., Card, S., Mackinlay, J., 1989. The cognitive co-processor architecture for interactive user interfaces. In: Proceedings of the ACM Conference on User Interface Software and Technology (UIST'89). ACM Press, pp. 10–18.

Robertson, G., Card, S., Mackinlay, J., 1993. Information visualization using 3D interactive animation. Commun. ACM. 36 (4), 56–71.

Rosenberg, D., 2020. UX Magic. Interaction-Design Foundation.

Rushinek, A., Rushinek, S., 1986. What makes users happy? Commun. ACM. 29, 584–598.

Sapolsky, R.M., 2002. A Primate's Memoir: A Neuroscientist's Unconventional Life Among the Baboons. Scribner, New York, NY.

Schneider, W., Shiffrin, R.M., 1977. Controlled and automatic human information processing: 1. Detection, search, and attention. Psychol. Rev. 84, 1–66.

Schrage, M., 2005. The password is fayleyure. Technol. Rev. Retrieved from: http://www.technologyreview.com/read_article.aspx?ch5specialsectionsandsc5securityandid516350.

Shneiderman, B., 1984. Response time and display rate in human performance with computers. ACM Comput. Surveys 16 (4), 265–285.

Shneiderman, B., 1987. Designing the User Interface: Strategies for Effective Human-Computer Interaction, first ed. Addison-Wesley, Reading, MA.

Shneiderman, B., Plaisant, C., 2009. Designing the User Interface: Strategies for Effective Human-Computer Interaction, fifth ed. Addison-Wesley, Reading, MA.

Simon, H.A., 1969. The Sciences of the Artificial. MIT Press, Cambridge, MA.

Simons, D.J., 2007. Inattentional blindness. Scholarpedia 2 (5), 3244. Retrieved from: http://www.scholarpedia.org/article/Inattentional_blindness.

Simons, D.J., Levin, D.T., 1998. Failure to detect changes in people during a real-world interaction. Psychon. Bull. Rev. 5, 644–669.

Simons, D.J., Chabris, C.F., 1999. Gorillas in our midst: sustained inattentional blindness for dynamic events. Perception 28, 1059–1074.

Smith, S.L., Mosier, J.N., 1986. Guidelines for Designing User Interface Software (Technical Report ESD-TR-86-278). National Technical Information Service, Springfield, VA.

Soegaard, M., 2007. Gestalt Principles of Form Perception. Interaction-Design.org. Retrieved from: http://www.interaction-design.org/encyclopedia/gestalt_principles_of_form_perception.html.

Sohn, E., October 8, 2003. It's a math world for animals. Science News for Kids. Retrieved from: http://www.sciencenewsforkids.org/articles/20031008/Feature1.asp.

Sousa, D.A., 2005. How the Brain Learns to Read. Corwin Press, Thousand Oaks, CA.

Stafford, T., Webb, M., 2005. Mind Hacks: Tips and Tools for Using Your Brain. O'Reilly, Sebastapol, CA.

Stefanovic, D., 2018. Digital Psychology: Principles and Examples. Retrieved from: digitalpsychology .io.

Stone, D., Jarrett, C., Woodroffe, M., Minocha, S., 2005. User Interface Design and Evaluation. Morgan Kaufmann, San Francisco.

Stroop, J.R., 1935. Studies of interference in serial verbal reactions. J. Exp. Psychol. 18 (6), 643–662.

Strunk, W., White, E.B., 1999. The Elements of Style, fourth ed. Macmillan Publishing Co., New York, NY..

Thadhani, A., 1981. Interactive user productivity. IBM Syst. J. 20 (4), 407–423.

Trevellyan, S., November 28, 2017. Centered Text vs. Flush Left, Blog-Post. Trevellyan.biz. Retrieved from: https://trevellyan.biz/centered-text-vs-flush-left.

Treisman, A.M., Gelade, G., 1980. A feature-integration theory of attention. Cognit. Psychol. 12 (1), 97–136.

Tufte, E., 2001. The Visual Display of Quantitative Information, second ed. Graphics Press, Cheshire, Connecticut.

van Duyne, D.K., Landay, J.A., Hong, J.I., 2002. The Design of Sites: Patterns, Principles, and Processes for Crafting a Customer-Centered Web Experience. Addison-Wesley, Reading, MA.

W3C, December, 2008a. Web Content Accessibility Guidelines (WCAG) 2.0. Worldwide Web Consortium. Retrieved from: https://www.w3.org/TR/WCAG20/.

W3C, December, 2008b. H42: Using h1-h6 to Identify Headings. Worldwide Web Consortium. Retrieved from: https://www.w3.org/TR/WCAG20-TECHS/H42.html.

Ware, C., 2008. Visual Thinking for Design. Morgan Kaufmann, San Francisco.

Ware, C., 2012. Information Visualization: Perception for Design, third ed. Morgan Kaufmann, San Francisco.

Weber, P., July 8, 2013. Why Asiana flight 214 crashed at San Francisco International Airport. The Week. Retrieved from: http://theweek.com/article/index/246523/why-asiana-flight-214-crashed-at-san-francisco-international-airport.

Weinschenk, S.M., 2009. Neuro Web Design: What Makes Them Click? New Riders, Berkeley, CA.

Wharton, C., Rieman, J., Lewis, C., Polson, P., 1994. The Cognitive Walkthrough: A practitioner's guide, In: Jakob Nielsen and Robert L. Mack (eds.), *Usability Inspection Methods*. John Wiley and Sons, Inc. 1994.

Wikipedia, 2019. 2018 Hawaii False Missile Alert. Wikipedia.org. Retrieved from: https://en.wikipedia .org/wiki/2018_Hawaii_false_missile_alert.

Wolfe, J.M., 1994. Guided search 2.0 a revised model of visual search. Psychon. Bull. Rev. 1 (2), 202–238.

Wolfe, J.M., Gray, W., 2007. Guided Search 4.0. Integrated Models of Cognitive Systems, pp. 99–119.

Wolfmaier, T., 1999. Designing for the Color-Challenged: A Challenge. ITG Publication. Retrieved from: http://www.internettg.org/newsletter/mar99/accessibility_color_challenged.html.

W3C, 2016. Accessibility, Usability, and Inclusion. Retrieved from: https://www.w3.org/WAI/fundame ntals/accessibility-usability-inclusion/.

Yale University, 2020. Usability and Web Accessibility. https://usability.yale.edu/usability-best-prac-tices.

推荐阅读

推荐阅读

用户体验要素：以用户为中心的产品设计（原书第2版）

书号：978-7-111-61662-7 作者：Jesse James Garrett 译者：范晓燕 定价：79.00元

Ajax之父经典著作，全彩印刷
以用户为中心的设计思想的延展

"Jesse James Garrett 使整个混乱的用户体验设计领域变得明晰。同时，由于他是一个非常聪明的家伙，他的这本书非常地简短，结果就是几乎每一页都有非常有用的见解。"
—— Steve Krug（《Don't make me think》和《Rocket Surgery Made Easy》作者）